连山　著

习惯：
如何不知不觉地影响你的人生

北京联合出版公司
Beijing United Publishing Co.,Ltd.

图书在版编目 (CIP) 数据

习惯 : 如何不知不觉地影响你的人生 / 连山著 . ——
北京 : 北京联合出版公司 , 2019.9（2023.7 重印）

ISBN 978-7-5596-3492-4

Ⅰ . ①习… Ⅱ . ①连… Ⅲ . ①习惯性—能力培养—通
俗读物 Ⅳ . ① B842.6-49

中国版本图书馆 CIP 数据核字（2019）第 155425 号

习惯 : 如何不知不觉地影响你的人生

著　　者：连　山
责任编辑：牛炜征
封面设计：韩立强
责任校对：刘雅君
美术编辑：盛小云
插图绘制：周仁干

北京联合出版公司出版
（北京市西城区德外大街 83 号楼 9 层　100088）
三河市华成印务有限公司印刷　新华书店经销
字数 180 千字　880 毫米 ×1230 毫米　1/32　8 印张
2019 年 9 月第 1 版　2023 年 7 月第 6 次印刷
ISBN 978-7-5596-3492-4
定价：36.00 元

前言
PREFACE

习惯是由一个人累积而形成的某些固定行为，是人们生活中习以为常的行为举止。习惯在我们不知不觉的反复重复的过程中，会逐渐变成我们本能的一部分。因此，习惯具有一种能左右人命运、决定人生成败的巨大力量。古罗马诗人奥维德有一句经典名言："没有什么比习惯的力量更强大。"美国著名成功学大师拿破仑·希尔也说："习惯决定成败。"诚然，习惯是一个人思想与行为的真正领导者。好习惯让我们减少思考的时间、简化行动的步骤，让我们更有效率；坏习惯让我们封闭保守、自以为是、墨守成规。在我们身上，好习惯与坏习惯并存。获得成功的概率就取决于好习惯的多少，所以说，人生仿佛一场好习惯与坏习惯的拉锯战。把良好的习惯坚持下来就意味着踏上了成功的列车。几乎所有的成功人士身上都有这样一个共性，那就是具有良好的习惯。正是这些好习惯，帮助他们开发出更多与生俱来的潜能，使他们成就梦想，踏上辉煌的发展之路。也有无数失败者用惨痛的事例证明，正是那些不良的习惯使他们离成功越来越远。许多人之所以没有成功，或者成功得很慢、很艰难，重要的原因之一就是没有养成一个好习惯。如果你想要主宰自己的命运，那么，请先养成好的习惯——做自己习惯的主人。

著名的贝尔实验室和 3M 公司曾经过近十年的研究，终于得出了一令人吃惊的结论：使一个人比其他人更优秀的最重要因素，不是智商高，也不是社交技巧，而是具备了良好的习惯。只要培养出良好的习惯并在实践中运用，发挥出自己巨大的潜能，你就能从平凡走向卓越。可见，成功者之所以成功，不是因为他们有着多么高的天赋和超常的才能，而是因为他们有着良好的习惯，并善于用良好的习惯来提高自己的工作效率，进而提高自己的生活品质。

目 录

第三章 工作习惯：态度决定高度，习惯胜于能力

第四章 社交习惯：所谓的八面玲珑，其实都是习惯使然

第五章 说话习惯：当会说话成为习惯，不觉间便能广结人缘

第六章 办事习惯：习惯关系成败，大行也须顾细谨

第七章 礼仪习惯：你若待人彬彬有礼，成功就不会遥不可及

第八章　生活习惯：细节养成习惯，习惯决定健康

第一章
成功习惯：
每个人生赢家都把自律当成信条

只能修正自己，不能修正别人

自制是一种能力，一种可贵的自我限制行为。快乐源于自制，只有做到自制，才会心安理得，才会快乐。

高尔基说："任何一点对自己的控制，都呈现着伟大的力量。"自制，能让自我从他人的怒火中取得温暖；自制，会使内心中的潮汐由狂涨趋于平静；自制，能让人产生充满理性的约束力；自制，还能让人生发出不怒自威的震慑力量。

在某国的特种部队，流传着这样一个故事。

一个有经验的间谍被敌军捉住以后，立刻装聋作哑，任凭对方用怎样的方法诱，他都不为威胁、诱骗的话语所动。等到最后，审问的人故意和气地对他说："好吧，看起来我从你这里问不出任何东西，你可以走了。"

你以为这个有经验的间谍是怎样做的？

他会立刻带着微笑，转身走开吗？

不会的！

没有经验的间谍才会那样做。要是他真这样做，他的自制力是不够的，这样的人谈不上有经验。有经验的间谍会依旧毫无知觉地呆立着不动，仿佛对于那个审问者的话完全不曾听见，这样他就胜利了。

审问者原想以释放他使他产生麻痹，来观察他的聋哑是否是真实的。一个人在获得自由的时候，常常会精神放松。但那个间谍听了依然毫无动静，仿佛审问还在进行，审问者不得不相信他确实是个聋哑人了，只好说："这个人如果不是聋哑人，那一定是个疯子！放他出去吧！"

就这样，间谍的生命以他特有的经验和自制力，保全下来。

从这个故事中我们能得到什么启示？一个人的自制力便是力量！有时，为了获得真正的自由，必须有意识地克制自己。

很早的时候，我国古代圣贤就说过"克己"，也就是自制的意思。

南京大学有一个美国留学生叫唐·娜。寒假里，唐·娜随她的女同学张菁到其老家河南农村过年。大年初一，张家准备了一桌丰盛的酒席招待唐·娜。席上，张父特意以当地名酒款待嘉宾。张父给唐·娜斟了满满一杯酒，可是唐·娜只是礼貌地举杯，却滴酒不沾。

张家问其故。唐·娜说，她的家乡在美国西雅图州。当地的法律规定，公民年满 21 岁才能饮酒，她今年才 19 岁，还未到饮酒的年龄。

张家人劝她，这里是中国，不是美国，入乡随俗是可以的。再说，没有一个美国人会知

道你在中国饮过酒。唐·娜却说，虽然自己身在国外，也应该遵守美国法律。名酒的味道很香，但她会克制自己，不到法定年龄，决不饮酒。

唐·娜始终没有饮酒，张家人对这个19岁的美国姑娘十分敬佩。

寒假结束，唐·娜要回南京的时候，当地政府有关部门特意设宴款待唐·娜，唐·娜却婉言谢绝了。问其故，唐·娜说，美国的法律规定，凡属官方的宴请，只有政府官员才能出席。她是一个普通的美国人，不是政府官员，因此不能接受官方的宴请。尽管当地政府一再做工作，唐·娜还是没有出席。

还有一个故事讲的是：一个美国商人，他经常到中国做生意。有一次，一笔生意成交以后，中方宴请他。中方听说这个美国商人十分喜欢吃虹鳟鱼，席上，主人特意请著名厨师做了一道名菜：清炖虹鳟鱼。

这道菜上来以后，美国商人眼睛一亮，看得出，商人真的很喜爱这道菜。奇怪的是，商人夹了一块鱼肉以后，还没有送到嘴里就又送了回去，放下筷子不吃了。

主人忙问其故，美国商人说，这是一条有籽的虹鳟鱼，美国法律规定，要保护生态环境，不能吃有籽的母鱼。主人连忙说，这是在中国，不是美国。中国并没有这样的法律，美国商人说，我是美国人，走到哪儿，都要遵守美国的法律。

主人很尴尬，再次劝美国商人说，即使是这样，这条虹鳟鱼已经烧熟了，不吃浪费了岂不可惜！美国商人却说，即使浪费了，他也不能吃。美国商人自始至终都没有碰这条虹鳟鱼。

美酒的味道很香，唐·娜却不为之心动；虹鳟鱼的味道很美，美国商人却不为之下箸。他们的行为是在没有任何外界压力下的一种自我控制行为，是在自觉地履行法律上的某种约束。有较强自制能力的人，一定能够战胜自我，远离祸害，做到快快乐乐。如果不幸遇到祸害，他一定能够泰然处之，化祸为福，让自己快乐。可见，自制对快乐的人生是极其重要的。

永不抱怨

如果一个人从年轻时就懂得永不抱怨的价值，那实在是一个良好而明智的开端。倘若你还没修炼到此种境界，就最好记住下面的话：如果说不出别人的好话，就宁可什么话也不说。

"烦死了，烦死了！"一大早就听王宁不停地抱怨，一位同事皱皱眉头，不高兴地嘀咕着："本来心情好好的，被你一吵也烦了。"

王宁现在是公司的行政助理，事务繁杂，是有些烦，可谁叫她是公司的管家呢，事无巨细，不找她找谁？

其实，王宁性格开朗，工作起来认真负责，虽说牢骚满腹，该做的事情，一点也不曾拖延。设备维护，办公用品购买，交通信费，买机票，订客房……王宁整天忙得晕头转向，恨不得长出八只手来。再加上为人热情，中午懒得下楼吃饭的同事还请她帮忙叫外卖。

刚交完电话费，财务部的小李来领胶水，王宁不高兴地说："昨天不是来过吗？怎么就你事情多，今儿这个、明儿那个的！"抽屉开得噼里啪啦，翻出一个胶棒，往桌子上一扔，说："以后东西一起领！"小李有些尴尬，又不好说什么，忙赔笑脸："你看你，每次找人家报销都叫亲爱的，一有点事求你，脸马上就长了。"

大家正笑着呢，销售部的王娜风风火火地冲进来，原来复印机卡纸了。王宁脸上立刻晴转多云，不耐烦地挥挥手："知道了。烦死了！和你说一百遍了，先填保修单。"单子一甩，"填一下，我去看看。"王宁边往外走边嘟囔："综合部的人都死光了，什么事情都找我！"对桌的小张气坏了："这叫什么话啊？我招你惹你了？"

态度虽然不好，可整个公司的正常运转真是离不开王宁。虽然有时候被她抢白得下不来台，也没有人说什么。怎么说呢？她不是应该做的都尽心尽力做好了吗？可是，那些"讨厌""烦死了""不是说过了吗"……实在是让人不舒服。特别是同办公室的人，王宁一叫，他们头都大了。"拜托，你不知道什么叫情绪污染吗？"这是大家的一致反应。

年末的时候公司民主选举先进工作者，虽然大家觉得这种活动老套可笑，暗地里却都希望自己能榜上有名。奖金倒是小事，谁不希望自己的工作得到肯定呢？领导们认为先进非王宁莫属，可一看投票结果，50多张选票，王宁只得12张。

有人私下说："王宁是不错，就是嘴巴太厉害了。"

王宁很委屈："我累死累活，却没有人体谅……"

抱怨的人不见得不善良，但常常不受欢迎。抱怨就像用烟头烫破一个气球一样，让别人和自己泄气。谁都不愿靠近牢骚满腹的人，怕自己也受到传染。抱怨除了让你丧失勇气和朋友之外，于事无补。

将嫉妒转化为动力

嫉贤妒能是一种不良心态。嫉妒可能导致采取不法手段对付别人，既害人又害己，但最终受害者还是自己。

嘴与鼻子各有其位，但却不安分守己。

一天，嘴对鼻子说："你有什么本事，竟然凌驾于我的上方？"

鼻子说："我能辨别香臭，然后你才可以去吃，所以我的位置该在你之上。"

鼻子又对眼睛说："你有什么本领，敢在我之上？"

眼睛说："我能观察四面八方，功劳特大，当然应该在你上方。"

鼻子又说："如果是这样，那么眉毛有什么能力，也处在咱们的上方？"

眉毛说："我也不清楚自己怎么有了这么个位置，如果没有我，不知你们这张脸皮该是什么样子！"

嫉妒的影子总是阻挡在你目光的前面。

我们都容易嫉妒，当别人比自己出色，我们就会眼红，并希望自己很快超越他。

嫉妒进入人的内心，就变成一个煽阴风、点鬼火的魔头，引发你的私欲，引你走进狭隘的深谷。

嫉妒是扼杀圣贤的刽子手，它会变得不择手段，以达到不可告人的目的，这是人类不好的一面。

但嫉妒也能产生积极进取的效果。用正当的手段，超越对手，这是良性的嫉妒。嫉妒产生竞争。

正常的嫉妒是常见的，但我们不能将嫉妒转变为嫉恨，那样，我们会显得异常卑劣。

学会熔炼嫉妒，那就是把本能的嫉妒化解为进取的动能，使不平静的心态归于平静，把蔑视他人长处的目光折回到自己的短处上来，这样的嫉妒便是全新的、催人奋发上进的。

茫茫人海中，由于各人的机遇与境遇不同，人难免有差别，或飞黄腾达、意气风发，或穷困潦倒、默默无闻。但芸芸众生中，总有那么一些人虽技不如人，却对别人的成绩嗤之以鼻，"妒人之能，幸人之失"，从而上演了一场场丑陋的嫉妒闹剧。在现实生活中，为了别人评上了比自己高的职称而指桑骂槐，为了某人得到领导的厚爱而愤愤不平，为了别人的生活条件比自己好而郁郁寡欢的也大有人在，给本已不大平静的生活平添了几多烦恼和些许纷扰。

嫉妒当拒。嫉妒的危害力和破坏力也可从中略见一斑。嫉妒其实是一些人心态不平衡的表现。有嫉妒之心者，也往往自高自大，认为自己是"老子天下第一"，从而看不起别人，置别人的成绩于不顾，贬他人的才干如草芥。而当别人取得一些成绩时，他的心理便会失去平衡，总会千方百计给那些优于自己者制造种种麻烦和障碍：或打小报告，无中生有，唯恐天下不乱；或作扩音器，把一件小小的事情闹得满城风雨。嫉妒者还终日郁郁寡欢，唉声叹气。

只有被嫉妒者降到了与他一样的或向下的位置，他们才认为这样可以理所当然地消除妒气了，从而偃旗息鼓。所谓"君子坦荡荡，小人长戚戚"，嫉妒他人的人心中永远无法清净明朗，他们会每天心事重重、郁郁寡欢。

其实，嫉妒者应该注意了，你大可不必嫉妒那些有才能的人。俗话说："尺有所短，寸有所长。"每个人都有自己的长处，也有自己的短处，为何非拿自己的短处与他人的长处硬比，自添一份抑郁？嫉妒他人者还可以化"嫉妒"为动力，用自己的奋斗和努力去消除与他人之间的差距，甚至超过他，或许别人也会对你羡慕不已。

当今社会竞争激烈、人才辈出，如果我们没有容人海量，没有爱才和取人之长补己之短的健康向上心理，就很难成就自己的事业，甚至往往因生嫉妒心而患上心理疾病。

人总有一种要求成功的愿望，有一种想超过别人的冲动，这正是社会所希望的。但是，有些青年在成功不了和超过不了的时候，产生了一种由羞愧、愤怒、怨恨等组成的复杂情感，这就是嫉妒，说得俗一些，就是得了"红眼病"。嫉妒的产生则是令人担忧的。嫉妒一经产生，它便成了纷扰的源泉：看到别人成功了，就生气、难过、闹别扭；听说别人强于自己，就四处散布谣言，诋毁别人的成绩；发现几个人亲如家人，就想方设法去施"离间计"，等等。这样的嫉妒不仅妨碍了他人的生活，而且自食其果，给自己带来极大的心理痛苦。

本来，嫉妒是人类的一种普遍的情绪，它源于人类的竞争，其本身具有一定的生物学意义，或起积极作用，或起消极作用，这视其指向和表现方式是否有益于自身的发展和社会的需要而转移。例如，有些人嫉妒是出于不服与自惭而不甘居下，奋发努力，力争上游，这就是积极的心理与行为。这种情形在充满竞争的现代社会里，更有其积极的意义。再比如，莎士比亚就曾经把嫉妒视作爱情的"卫道士"。爱情当中的嫉妒也是有一定积极意义的。爱情具有强烈的排他性，自己的恋人如果反对你同别的异性接触和交往，正是反映了他对你的爱的程度。相反，如果对方从不"吃醋"，毫无嫉妒心，那么也许你们之间的关系还只是喜欢水平的友谊，而不是爱情。

当然，值得庆幸的是，严重的嫉妒心理在大多数人那里找不到生长的温床，只有心胸狭隘的人容不得别人比自己有半点超越，他们也像三国时的周瑜那样，发出"既生瑜，何生亮"的感慨。在交往中，心胸狭隘的特点更是暴露无遗。他们总希望别人都围着自己转，一旦满足不了这个愿望，他们就会发脾气。他们还会因一些微不足道的事而产生嫉妒心理，别人在外貌、财富、学识、地位、爱情等方面的优越都可以成为滋生嫉妒的温床，例如，他们会因为别人容貌端正可爱、受人欢迎而嫉妒得暴跳如雷，会因为别人凭借能力拿到比自己高的薪水而愤愤不平。这些心胸狭隘的人往往缺乏修养，他们在本不该产生嫉妒心理时却产生嫉妒的怨恨之后，总是不能控制情绪的转变，更不能将其转化到积极的方面，而是立即将嫉妒心理转变成嫉妒行动，一直到发泄了怨恨、平衡了心理之后，才罢休。

不管嫉妒心理出现在什么样的人身上，既然它是一种有害的心理，我们就应当克服它、摆脱它。克服嫉妒心理首先要纠正自己的认知偏差。嫉妒者在别人成功时，总以为别人的成功是对自己的威胁，是对自己利益的侵占。实际上，别人的成功完全在于自己的努力，他有权获得这份荣誉。嫉妒者不应当把别人的成功等同于自身的失败，而应当学会比较的方法，善于学习别人的长处来克服自己的短处，而不是以己之短比人之长。

用来克服嫉妒心理的方法主要是文饰，即为缓解由失败带来的内心不安，给自己找一些有利的而在别人看来是不合理的理由。例如，别人成功时，我们可以轻描淡写地说一句"那是他奋斗的结果，如果我努力，也会做到的"，以此缓解心中的不满，避免嫉妒心理的产生。这种方法确实可以平衡一个人的心理状态，但过分的使用，就会妨碍一个人的上进心。

当受到他人嫉妒的时候，也有一些消极的情绪，当有人嫉妒你时，一定要保持一种平静的心情，不动声色地继续与其交往。乐观的人在受到他人嫉妒时，往往心里比较高兴，因为别人的嫉妒证明了自己是超过他人的，没有人去嫉妒一个无能之辈，所以他们对嫉妒者笑脸相待。而悲观者在受到他人嫉妒时，不是忍声吞气和收敛自己的努力，就是争辩赌气，结果正中嫉妒者的下怀，所以正确的态度是不亢不卑，坦坦荡荡。嫉妒，滋生了人间的纷扰，带来了世态的不安，诽谤、诬陷、报复和发泄成了那些嫉妒者的主要行为，而嫉妒者自己也被嫉妒心理和行为折磨得"遍体鳞伤"。嫉妒者在正视了这些现实以后，也为以前的所作所为感到后怕，更主要的是，他们勇敢地执起了神棒，赶走了这个"四处游荡的魔鬼"。

一个有道德的人，一个思想纯正的人，一个能积极进取的人，当他发现有人比自己做得好、比自己有能力时，从不去考虑别人是否超过了自己，或对别人心生不满，而是从别人的成绩中找出自己的差距所在，从而振作精神，向人家学习。这样，便有可能在一种积极进取的心理状态下，迸发出创造性，赶上或超过曾经比自己强的人。这就是古人说的见贤思齐。

总之，嫉妒是一种不健康的心理，但如果你想改变它，不是不可能，只要你努力。有见贤思齐的精神，学会调整自己的心态，不断开阔自己的心胸，那些可能会不期而至的嫉妒心理便会烟消云散。如果能不断地克服这种不良的心态，你的人格就会不断地健全，你便会成为一个受人欢迎的人。

和他人双赢

中国人喜欢用筷子做餐具，用过筷子的人都知道，只有将两根独立的筷子放在一起才能夹起你想要吃的东西。如果你分开它们，用其中的任一根来用餐，那么恐怕你就会饿肚子了。这两根筷子也蕴含了一个道理，那就是和他人双赢会赢得更多。

曾经有一名商人在一团漆黑的路上小心翼翼地走着，心里懊悔自己出门时为什么不带上照明的工具。忽然前面出现了一点光亮，并渐渐地靠近。灯光照亮了附近的路，商人走起路来也顺畅了一些。待到他走近灯光时，才发现那个提着灯笼走路的人竟然是一位盲人。

商人十分奇怪地问那位盲人说："你本人双目失明，灯笼对你一点用处也没有，你为什么要打灯笼呢？不怕浪费灯油吗？"

盲人听了他的问话后，慢条斯理地回答道："我打灯笼并不是为给自己照路，而是因为在黑暗中行走，别人往往看不见我，我便很容易被人撞倒。而我提着灯笼走路，灯光虽不能帮我看清前面的路，却能让别人看见我。这样，我就不会被别人撞倒了。"

这位盲人用笼火为他人照亮了本是漆黑的路，为他人带来了方便，同时也因此保护了自己。正如印度谚语所说："帮助你的兄弟划船过河吧！瞧，你自己不也过河了！"

在这个纷繁复杂的社会中，每个人都需要别人的帮助。适应他人固然要心胸宽广和虚心学习，但如果仅仅是单方面地适应，则可能仍然得不到他人的支持与帮助。因此，具备施与心，还要具备帮助他人适应你的能力和习惯。

战胜对手、实现成功是我们的奋斗目标。良好的人际关系是促成成功的一个重要因素。人在通往成功的路上更多的是战胜自己，而不是战胜他人，更多的是与他人相互合作，而不是相互争斗。我们所说的竞争是合作前提下的竞争，是竞争与合作的对立统一。试想，纵然你获取了万贯财产，可是由于品行问题搞得众叛亲离，成了孤家寡人，哪里有一点幸福感可言？

成功与幸福始终是相伴而行的。缺乏情感的冷冰式的成功实际上是暂时的，伴随这样的成功而来的，更多的是痛苦，而不是喜悦。

所以，我们应将事业上的竞争定位为具体的工作，而不应是个别的某个人。朋友之间在事业上可以竞争，但在生活中还是好朋友，甚至一家人之间也存在竞争，但更重视合作。可以说，人来到世上，离开合作，谁也无法生存。因此，我们一方面提倡自助，另一方面主张接受帮助和给予帮助。我们不能单纯为了小范围的个人利益而相互争斗，我们应该为了大范围内的共同利益而合作。多帮助他人，才可能得到更多的帮助。

其实，帮助需要帮助的人，对自己更有益处。玛格丽特·泰勒·耶茨是一位小说家，但她写的小说没有一部比得上她自己的故事那么真实而精彩，她的故事发生在日本偷袭珍珠港的那天早晨。耶茨太太由于心脏不好，一年多来，每天得在床上度过 22 个小时，且不能动。她最长的旅程是由房间走到花园去进行日光浴。即使那样，也还得在女佣的扶持下才能走动。

耶茨当年以为自己的后半辈子就这样卧床了。如果不是日军来轰炸珍珠港，她永远都不能真正生活了。

发生轰炸时，一切都陷入了混乱。一颗炸弹掉在耶茨家附近，将她震得跌下了床。陆军派出卡车去接海、陆军军人的妻儿到学校避难。红十字会的人打电话给那些有多余房间的人。他们知道耶茨床旁有个电话，问她是否愿意帮忙做联络中心。于是耶茨记录下了那些海军、陆军的妻小现在留在哪里，这样红十字会的人才能叫那些军人打电话到耶茨这里找自己的家眷。

耶茨很快发现她的先生是安全的。于是，她努力为那些不知先生生死的太太打气，也安慰那些寡妇——好多太太都失去了丈夫。这次阵亡的官兵共计 2117 人，另有 960 人失踪。

开始的时候，耶茨还躺在床上接听电话，后来她坐在了床上。最后，她越来越忙，又很亢奋，居然忘了自己的毛病，她开始下床坐到桌边。因为帮助那些比她状况还惨的人，她完全忘我了，她再也不用躺在床上了，除了每晚睡觉的 8 个小时。耶茨发现如果不是日本空袭珍珠港，她可能下半辈子都是个废人。此前，躺在床上的她总是在消极地等待，潜意识里已失去了复原的意志。

　　珍珠港遭袭是美国历史上的一大惨剧，但对耶茨个人而言，是最重要的一件好事。这个危机给了耶茨一个活下去的重要理由，使她再也没有时间去想自己或照顾自己了。它让耶茨找到了一种力量，迫使她把注意力从自己身上转移到别人身上。

　　心理医师的病人如果都能像耶茨太太所做的那样去帮助别人，起码有 1/3 可以痊愈。

　　人生不如意事十有八九，有时遭受的甚至是毁灭性的打击，在这种情况下，没有人会拒绝别人善意的帮助。"君子不乘人之危"是说，正义的人不会在危急时刻再给他人伤口上撒一把盐，甚至把别人置于死地。我们主张"君子好拯人之危"，是指在别人处于危难之时，君子能够挺身而出，伸出援助之手。电影或小说中经常有一些这样的片段：两个本是对手的人，其中一方落难后得到另一方的救助，之后两人成了亲密的朋友。敌人之间尚且如此，更何况大多数人是我们的朋友，因此，保持一颗同情心至关重要。

　　帮助他人有时只需要时间上的耗费和一些关怀的语言，有时则需要物质上的帮助。当然，如果从长远利益来看，牺牲这点个人利益是微不足道的。

　　比如，当年微软和苹果争雄时，因为微软公司的"兼容"，允许各大电脑厂商使用自己的操作系统而使自己迅速发展为世界软件业巨头，相反，苹果的"不兼容"则使自己的路越走越窄。

　　俗话说"投我以桃，报之以李"，今天你帮助他人，他可能不会马上报答，但他会记住你的好处，也许会在你不如意时给你以回报。退一万步来说，你帮助别人，即使他不会报答你的厚爱，可以肯定的是，他日后至少不会做出对你不利的事情。如果大家都不做不利于你的事情，这不也是一种极大的帮助吗？

不做无谓的争论

卡耐基说："无论对方的才智如何，都不要存在靠争论改变任何人的想法。从争论中获胜的唯一秘诀是避免争论。"的确，言不可果腹，更不能充饥。明智的人不会和别人唇枪舌剑，只会尽量化解不必要的争论，因为少了面红耳赤的争论，会使双方互相尊重，从而增进友谊。

有 A 和 B 两位先生，A 先生的性情非常固执，不肯认错。有一天，他们两人正在闲谈，无意中谈到了砒霜是一种有毒物质，而 A 先生偏说没毒，有时吃了还可以滋补身体。B 先生反对 A 先生的主张。但 A 先生越是遭到 B 先生的反对，越是要为自己的主张辩护。结果，A 先生为使他的主张成立，对 B 先生说："你不相信吗？那我们可以当场试验，我来吃给你看，到底我吃了砒霜之后会不会死。"B 先生到了这时候，深恐 A 先生真的中毒而死，所以竭力说砒霜有大毒，劝 A 先生不要冒险。但 B 先生越是劝他不要吃，他越是要吃给 B 先生看。结果 A 先生一命呜呼。

A 先生死了之后，因为 A 先生 B 先生本来是好友，所以 B 先生深感悔恨，说当时不该和他这样地争辩。

为了在口头上争个输赢，竟然一死一伤（心伤），真是令人扼腕。

留心我们的周围，争辩几乎无处不在。一场电影、一部小说能引起争辩，一个特殊事件、某个社会问题能引起争辩，甚至某人的发式与装饰也能引起争辩。而且往往争辩留给我们的印象是不愉快的，因为其目标指向很明确：每一方都以对方为"敌"，试图以一己的观念强加于别人。

这样看来。你虽然得到了口上的胜利，但和那位朋友的关系却从此疏远了，甚至一刀两断。比较之下，你会不会觉得，当初真是有欠考虑，仅仅为了口头的胜利，而得罪了一个朋友——如果那位朋友较小气，说不定他正在伺机报复呢！

有些人在和朋友翻脸之后，明知大错已铸成，也故作不后悔状，还经常这样认为："这样的朋友不要也罢。"其实这样对你又有什么好处？而坏处却很快可以看到，因为和别人结怨，你就少了一位倾吐心事的人。

嘴巴痛快不算赢

生活中常会遇到一些专爱与人作对的人。对于那些与你唱反调的人，你采取何种态度呢？通常，大多数人所采取的态度是，反驳对方。

你必须冷静思考的是你自己所希望的，并非彻底地去击败他，使他投降，而是欲使对方同意你的看法、意见，使他的观点与你一致。

为了说服对方，改变他的意见及行为，必须冷静地把事实指示给他看，与他从容地交谈。当你与某人议论时，必须注意到一件事，那就是，在展开争论时，切勿冲动地大嚷起来，或采取激烈的态度。针对这个问题，美国耶鲁大学的两位教授进行了一项实验。

这两位教授耗费了七年的时间，调查了种种争论的实态。例如，店员之间的争执、夫妇间的吵架、售货员与顾客间的斗嘴等，甚至还调查了联合国的讨论会。

结果，他俩证明了凡是去攻击对方的人，绝对无法在争论方面获胜。相反，能够在尊重对方的人格方面动脑筋的人，则往往能够改变对方的想法，甚至能够按自己的想法掌控对方。

从这件事中，我们不难获知：人们都有保护自己、避免被他人攻击的本能。当你对他人说"哪有那种荒谬透顶之事"或者"你的思想有问题"之时，那个人为了保全自己的面子，以及守住自己的立场，定会紧紧地闭起他的心扉。因而，与人展开议论之时，总是以采取冷静的态度为妙。

别人和你谈话时，他根本没有准备请你说教，你若自作聪明，拿出更高超的见解，对方绝不会乐意接受。所以，你不可随便摆出要教导别人的姿态。你的同事向你提出一个意见时，你若不能即时赞同，你最低限度要表示可以考虑，切不可马上反驳。要是你的朋友和你谈天，你更要注意，太多的执拗会使一切有趣的生活变得乏味。遇上别人真的错了，又不肯接受批评或劝告时，别急于求成，往后退一步，把时间延长些，隔一天或两个星期再谈吧！否则大家都固执，不仅没有进展，反而互相伤害感情，造成隔阂。

许多人因为喜欢表示不同意见，而得罪了许多朋友，所以常常有人认为不要表示出不同意见。这种看法是很片面的，而且也是不老实的。只要你的办法是正确的，向别人表示自己的不同意见，不但不会得罪人，而且有时还会大受欢迎，使人有"听君一席话，胜读十年书"之感。

把自己的意见看成是绝对正确，而别人的意见是愚蠢幼稚、荒诞不经，那你就伤人了，而且伤得很厉害。因此，不应该在小节处争论不休，即使你不同意对方意见，你最好仍表示对方意见中有你所赞同的看法，以便缓和一下谈话气氛，使对方觉得你并不是抹杀别人的一切。无论你的意见和看法与对方的意见和看法距离多么遥远，冲突得多么厉害，绝对不要表现出一种无法商量的态度。如果你是一个善于谈话的人，你一定要小心地使谈话不要陷入僵局，使谈话能维持下去。

在说话时，为了让别人有考虑的余地，你要尽量言语缓和，最好能够避免使用"绝对是这样"的说法。你可以说："有时候是这样的，有些时候是那样的。"甚至可以说："大多数人都是这样的，其效果比别人的那样要好。"更重要的是，你不要用一种教训人的声调来说话，也不要用一种非常肯定的声调来讲话，以避免和别人争论，使别人不高兴，让人难于接受。

避免争论可以节省你的大量时间与精神，使你投入完善你的观点和实践你的观点的工作中去。完全没必要浪费太多的精神去干那种没有结果也毫无意义的事情。少了面红耳赤的争论，只会使双方互相尊重，从而增进友谊，有利于思想交流和意见的转换。

别用怒火焚烧自己

古时有一个妇人，特别喜欢为一些琐碎的小事生气。她也知道自己这样不好，便去求一位高僧为自己谈禅说道，开阔心胸。

高僧听了她的讲述，一言不发地把她领到一间禅房中，落锁而去。

妇人气得跳脚大骂。骂了许久，高僧也不理会。妇人又开始哀求，高僧仍置若罔闻。妇人终于沉默了。高僧来到门外，问她：

"你还生气吗？"

妇人说："我只为我自己生气，我怎么会到这地方来受这份罪。"

"连自己都不原谅的人怎么能心如止水？"高僧拂袖而去。过了一会儿，高僧又问她："还生气吗？"

"不生气了。"妇人说。

"为什么？"

"气也没有办法呀。"

"你的气并未消除，还压在心里，爆发后将会更加剧烈。"高僧又离开了。

高僧第三次来到门前，妇人告诉他："我不生气了，因为不值得气。"

"还知道值不值得，可见心中还有衡量，还是有气根。"高僧笑道。

当高僧的身影迎着夕阳立在门外时，妇人问高僧："大师，什么是气？"

高僧将手中的茶水倾洒于地。妇人视之良久，顿悟。叩谢而去。

何苦要气？气便是别人吐出而你却接到口里的那种东西，你吞下便会反胃，你不看它时，它便会消散了。

气是用别人的过错来惩罚自己。

夕阳如金，皎月如银，人生的幸福和快乐尚且享受不尽，哪里还有时间去气呢？所以，我们应该学会消消气。

学会排解愤怒，是高情商的一大表现。养身贵在戒怒，戒怒就是怡养身心，尽量做到不生气、少生气，思想开朗，心胸开阔，宽宏大量，宽厚待人，谦虚处世。这样不仅有益于身心健康，也利于提高自己的道德修养和思想水平，于人于己都会有益而无害。

有一个男孩有着很坏的脾气，于是他的父亲就给了他一袋钉子，并且告诉他，每当他发脾气的时候就钉一根钉子在后院的围篱上。

第一天，这个男孩钉下了 37 根钉子。慢慢地，他每天钉下的数量减少了。他发现控制自己的脾气要比钉下那些钉子来得容易些。终于有一天，这个男孩再也不会失去耐性乱发脾气，他告诉他的父亲这件事。

父亲告诉他，从现在开始每当他能控制自己的脾气的时候，就拔出一根钉子。

一天天地过去了，最后男孩告诉他的父亲，他终于把所有钉子都拔出来了。

父亲握着他的手来到后院说："你做得很好，我的好孩子。但是看看那些围篱上的洞，这些围篱将永远不能恢复成从前的样子。你生气的时候说的话将像这些钉子一样留下疤痕。"

如果你拿刀子捅别人一刀，不管你说了多少次对不起，那个伤口将永远存在。话语造成的伤痛就像真实的伤痛一样令人无法承受。人与人之间常常因为一些彼此无法释怀的坚持，而造成永远的伤害。如果我们都能从自己做起，开始宽容地看待他人，相信你一定能收到许多意想不到的结果……帮别人开启一扇窗，也就是让自己看到更完整的天空……

少年时由于社会经验少，对一些问题看法有一定的局限性，遇到烦心事在所难免，此时，内心的郁闷、愤怒总想找个地方发泄一下，不然会感到心里憋得慌。找朋友或同学诉说自然是个好方法，但有时有些话不能对别人说，同时怒气也不能往别人身上撒。那怎么办呢？此时最好的方法莫过于控制自己的情绪，建一本烦恼日记，把不快融于笔端，在日记中大倾诉，把怒火化为文字。

生活中感到沮丧的时候，不妨把自己的低落情绪写入日记，把心中的不快向日记"诉说"，写完后你会感到精神振奋，自己又重新燃起生活的热情。你可以在日记里把给你穿小鞋的人骂个狗血喷头，可以把你的情敌在笔下贬得一无是处，也可以把让你心烦的事大书特书，反正别人也看不到，只要能让自己气顺就行。对心灵来说这是一种净化，可以使人心胸开阔，情绪稳定，心理重新回到良好状态。

莎士比亚说："不要因为你的敌人燃起一把火，你就把自己烧死。"当你的情绪掌握了理智时，你将成为情绪的奴隶；当你战胜自己的情绪时，才证明你是命运的主人。唯此，你才能真正获得自由。

避免无谓争论

有一位爱尔兰人名叫欧·哈里，他接受的教育不多，可是很爱抬杠。他当过汽车推销员，后来因为推销不成功而来求助于卡耐基。听了几个简单的问题以后，卡耐基就发现他老是跟顾客争辩。如果对方挑剔他的车，他立刻会涨红脸大声强辩。欧·哈里承认，他在口头上赢得了不少辩论，但并没能赢得顾客。他说："我走出人家的办公室时总是对自己说，我总算整了那个混蛋一次。我的确整了人一次，可是我什么都没有能卖给他。"

欧·哈里后来是纽约怀德汽车公司的明星推销员。他是怎么成功的？他这样说："如果我现在走进顾客的办公室，而对方说，'什么？怀德卡车？不好！你要送我我都不要，我要的是何赛的卡车。'我会说，'老兄，何赛的货色的确不错，买他们的卡车绝错不了。何赛的车是优良产品。'这样他就会无话可说了，没有抬杠的余地，他只有住嘴了。他总不能在我同意他的看法后，还说一上午的'何赛车子最好'之类的话吧。我们接着不谈何赛，我就开始介绍怀德汽车的优点。

"过去若是听到他那种话，我早就气得脸一阵红、一阵白了——我就会挑何赛的错，而我越挑剔何塞的车子不好，对方就越说它好。争辩越激烈，对方就越喜欢我竞争对手的产品。

"现在回忆起来，真不知道过去是怎么干推销的！以往我花了不少时间在抬杠上，现在我守口如瓶了，果然有效。"

一般地说，无谓的争论都是毫无价值的，只能徒增争论者的烦恼而已。

其实，天底下只有一种能在争论中获胜的方式，那就是避免争论。

对于成大事者而言，他们通常的做法是：把眼光放在远处，从长远利益考虑问题，力戒因小失大。

当一个人气上心头时，意气用事是在所难免的，因此，不论所说的话或所做的事，总是超出人所能想象的，在这个时候，即使平常说话非常谨慎的人，也会因丧失考虑而祸从口出。

然而，尽管生气是人之常情，但一个人若能高高兴兴地过一生，那不是一件很美的事吗？所以，我们应尽量以愉快的心情来处理碰到的各种问题。即使一旦发怒，最好能尽量忍在心里，不要爆发，用理智来抑制愤怒，这样才能使大事化小。小事化无。

一件小事往往能体现出一个人的修养和水准，在小节上能够表现得很好的人，他在经过千折百转之后一定能成就一番大事业。

换个角度看问题

法国雕塑家罗丹说过："我们的生活里不是缺少美，而是缺少发现。"生活里有着许许多多美好的事物、许许多多的快乐，关键在于我们能不能发现。而要发现它，关键在自己。

有一个人，日子过得烦闷而无趣，他要去找那些快乐的人，问问快乐的秘诀。他想，国王尊贵而富足，一定快乐。他见到了国王，国王却说："我一天要面对那么多要处理的事，我还要时时操心王位是否牢固，我晚上觉都睡不安稳，哪有快乐可言？"他又想，流浪汉一天无忧无虑的，一定快乐。但流浪汉却说："我连今天晚上到哪儿睡觉都没着落，我哪会快乐？"这个人搞不懂了：世界上真没有快乐的人了吗？我上哪里能找到快乐的秘诀？这时一个老者告诉他，国王也可以快乐，只要他不被权力和金钱迷住了心灵；流浪汉也可以快乐，只要他不被贫困压倒。

快乐不快乐，在于你自己，关键是你从什么角度看待问题。

有一句禅语叫"掬水月在手"。天上的月亮太高，凡人的力量难以企及，但是开启智慧，掬一捧水，月亮美丽的脸就会笑在掌心。

关键是人在极度的困境中，是否奋力一搏，是否能有破釜沉舟的那一下？

遗憾的是，很多时候，我们的精神先于我们的身躯垮下去了。

有这样一个古代的寓言：一个人经过两山对峙间的木桥，突然，桥断了，奇怪的是，他没有跌下，而是停在半空中。脚下是深渊，是湍急的涧水。他抬起头，一架天梯荡在云端。望上去，天梯遥不可及。倘若落在悬崖边，他绝对会乱抓一气的，哪怕抓到一根救命小草。可是这种境地，他彻底绝望了，吓瘫了，抱头等死。渐渐地，天梯缩回云中，不见了踪影。云中的声音说，这叫障眼法，其实你踮起脚就可以够到天梯，是你自己放弃了求生的愿望，那么只好下地狱了。

踮起脚，就是新生，就是另一种活法，另一番境界。

人在任何时候都不应该放弃信念和希望，信念和希望是生命的维系。只要一息尚存，就要追求，就要奋斗。其实，大自然始终在启迪着人们——在春花秋叶舞蹈般潇洒的飘落里，蕴含着信念和希望；巨大岩石的裂缝中钻出的小草，昭示着信念和希望；不断被山风修改着形象的悬崖边的苍松和水中的明月无不向我们展示着信念和希望。朋友，在任何时候，无论处在什么样的境遇，请不要放弃希望和信念，如果你的心灵已太久不曾有过渴望的涌动，请你轻轻地将它激活，让它焕发健康的亮色，下面，我们一起看一个关于信念的故事。

一场突然而至的沙尘暴，让一位独自穿行大漠者迷失了方向，更可怕的是连装干粮和水的背包都不见了。翻遍所有的衣袋，他只找到一个泛青的苹果。

"哦，我还有一个苹果。"他惊喜地喊道。

他攥着那个苹果，深一脚浅一脚地在大漠里寻找着出路。整整一个昼夜过去了，他仍未走出空阔的大漠。饥饿、干渴、疲惫，一齐涌上来。望着茫茫无际的沙海，有好几次他都觉得自己快要支撑不住了，可是看一眼手里的苹果，他抿抿干裂的嘴唇，陡然又添了些许力量。

顶着炎炎烈日，他又继续艰难地跋涉。三天以后，他终于走出了大漠。那个他始终未曾咬过的青苹果，已干巴得不成样子，他还宝贝似的擎在手中，久久地凝视着。

在人生的旅途中，我们常常会遭遇各种挫折和失败，会身陷某些意想不到的困境。这时，不要轻易地说自己什么都没了，其实只要心灵不熄灭信念的圣火，努力地去寻找，总会找到能渡过难关的那"一个苹果"。攥紧信念的"苹果"，就没有穿不过的风雨、涉不过的险途。

所以，无论面对怎样的环境，面对再大的困难，都不能放弃自己的信念，放弃对生活的热爱。因为很多时候，打败自己的不是外部环境，而是你自己本身。

凡事留有余地

给他人留条退路，给缺憾留点空间，实际上都是给自己留有余地。

一家百货公司的一位顾客，要求退回一件外衣。她已经把衣服带回家并且穿过了，只是她丈夫不喜欢。她解释说"绝没穿过"，并要求退换。

售货员检查了外衣，发现有明显干洗过的痕迹。但是，直截了当地向顾客说明这一点，顾客是绝不会轻易承认的，因为她已经说过她没穿过，而且精心地伪装过。这样，双方可能会发生争执。于是，机敏的售货员说："我很想知道是否你们家的某位成员把这件衣服错送到干洗店去。我记得不久前我也发生过一件同样的事情。我把一件刚买的衣服和其他衣服堆在一起，结果我丈夫没注意，把那件新衣服和一大堆脏衣服一股脑儿塞进了洗衣机。

我怀疑你是否也遇到这种事情——因为这件衣服的确看得出已经被洗过的痕迹。不信的话，你可以跟其他衣服比一比。"

顾客看了看证据——知道无可辩驳，而售货员又已经为她的错误准备好了借口，给了她一个台阶下。于是，她顺水推舟，乖乖地收起衣服走了。

故事中的售货员之所以能顺利解决这件小事，避免起纷争，关键就在于她事先替那名顾客找好了借口，留足了余地。给他人留有余地，给缺憾留有余地，实际上都是给自己留有余地。

俗话说："人活脸，树活皮。"此话道出了人性的一大特点：爱面子。可是我们不能只爱自己的面子，而忘记了他人面子。每个人都有一道最后的心理防线，一旦我们不给他人退路，不让他人走下台阶，他只好使出最后的一招——自卫。

因此，当我们遇事待人时，应谨记一条原则：给别人留点余地。

一句或两句体谅的话，对他人宽容一点，这些都可以减少对别人的伤害，保全他的面子，给他留点余地。

多年以前，通用电气公司面临一项需要慎重处理的工作：免除查尔斯·史坦恩梅兹某一部门的主管之职。史坦恩梅兹在电气方面是第一等的天才，但担任计算部门主管却彻底失败。然而公司不敢冒犯他。公司绝对解雇不了他——而他又十分敏感。于是他们让他担任"通用电气公司顾问工程师"——工作还是和以前一样，只是换了一个头衔——并让其他人担任部门主管。

史坦恩梅兹十分高兴。通用电气公司的高级职员也很高兴。他们已平稳地调动了他们这位最暴躁的大牌明星职员，而且他们这样做并没有引起一场大风暴——因为他们让他保全了面子。

让他人保全面子，这是十分重要的，而我们却很少有人想到这一点！我们残酷地抹杀了他人的感情，又自以为是。我们在其他人面前批评一位小孩或员工，找差错，发出威胁，甚至不去考虑是否伤害到别人的自尊。然而，一两分钟的思考、一句或两句体谅的话，对他人的态度表示宽容的谅解，都可以减少对别人的伤害。

解雇员工或惩戒他人的时候，不要忘了这一点。

宾州的佛雷德·克拉克谈到了发生在他们公司的一段插曲：

"有一次开生产会议的时候，副总裁提出了一个尖锐的问题，是有关生产过程的管理问题。当时他气势汹汹，矛头指向生产部总监，一副准备挑错的样子。为了不在同事中出丑，生产部总监对问题避而不答。副总裁更为恼火，直骂生产部总监是个骗子。"

"再好的工作关系，都会因这样的火爆场面而毁坏。凭良心说，那位总监是个很好的雇员。"

"但从那天开始，他再也不能留在公司里了。几个月后，他转到了另一家公司，据说表现很不错。"

安娜·玛桑也谈到相同的情形，但因处理方法不同，结果也不一样。玛桑小姐在一家食品包装公司当市场调查员，她刚接下第一份差事——为一项新产品做市场调查。她说道："当结果出来的时候，我几乎崩溃，由于计划工作的一系列错误，整个结果当然完全错误，必须从头再来。更糟的是，报告会议即将开始，我已经没有时间同老板商量这件事了。

"当他们要求我做报告的时候，我尽量使自己不要哭出来，免得又让大家嘲笑，我吓得发抖。因为过于情绪化了，我简短地说明了一下情形，并表示要改正过来，以便在下次会议时提出。坐下后，我等待老板大发雷霆。

"出人意料的是，他先感谢我工作勤奋，并表示新计划难免都会有错。他相信新的调查一定正确无误，会对公司有很大助益。他在众人面前肯定我，相信我已尽了力，并说我缺少的是经验，而非能力。

"我挺直胸膛离开会场，并下定决心不会有第二次这种情形发生。"

假如我们是对的，别人绝对是错的，我们也会因为让别人丢脸而毁了他的自尊。传奇性的法国飞行先锋和作家安托万·德·圣埃克絮佩里写过："我没有权利去做或说任何事以贬抑一个人的自尊。重要的并不是我觉得他怎么样，而是他觉得他自己如何，伤害他人的自尊是一种罪行。"

在一个人已经做出一定的许诺——宣布一种坚定的立场或观点后，由于自尊的缘故，便很难改变自己的立场或观点。此时你必须顾全他的自尊，为对方铺台阶，如说一些有利对方的话。

"在那种情况下，任何人都想不到。"

"当然，我理解你为什么会这样想，因为当时你并不清楚事情的经过。"

"最初，我也这样想的，但后来我了解到全部情况，我就知道自己错了。"

每个人都要懂得给别人留点余地。

即使对方犯错，而我们是对的，如果没有给别人留点余地，就会毁了一个人。因此，你要帮助别人认识并改正错误，务必保全他们的自尊，给别人留点余地。

用坚忍来对待逆境

生活对于任何一个人都并非易事，我们必须要有坚忍不拔的精神，最要紧的还是我们自己要有信心。我们必须相信我们对一件事情有天赋的才能，并且要有付出任何代价都要把这件事情完成的毅力。

有一位穷困潦倒的年轻人，身上全部的钱加起来也不够买一件像样的西服。但他仍全心全意地坚持着自己心中的梦想，他想做演员，当电影明星。

好莱坞当时共有 500 家电影公司，他根据自己仔细计划好的路线与排列好的名单顺序，带着为自己量身定做的剧本前去拜访。但第一遍拜访下来，所有的电影公司没有一家愿意聘用他。

面对无情的拒绝，他没有灰心，从最后一家被拒绝的电影公司出来之后不久，他就又从第一家开始了他的第二轮拜访与自我推荐。

第二轮拜访也以失败而告终。第三轮的拜访结果仍
与第二轮相同。

但这位年轻人没有放弃，不久后又咬牙开
始了他的第四轮拜访。当拜访第 350 家电影公司
时，这里的老板竟破天荒地答应让他留下剧本先
看一看。他欣喜若狂。

几天后，他得到通知，请他前去详细商谈。就在
这次商谈中，这家公司决定投资开拍这部电影，并请他担任
自己所写剧本中的男主角。不久，这部电影问
世了，片名《洛奇》。

这位年轻人的名字就叫史泰龙。后来他
成了红遍全世界的演员。

我们的生活里，逆境多于顺境，这是一种人生规
律。就像航行的帆船，需要接受惊涛骇浪的考验，有
波折的生活才富有创造的魅力。

学会在逆境中求生存，要在那些歧视的目光里
找回你做人的尊严。受到压抑才知道奋战，这样的抗争才
有力量。

身处逆境中是痛苦的，但也是幸运的。因为逆境的口袋里
藏有非常丰富的财富，在你熬过最艰难的关口时，你会意
外地得到这笔丰厚的财富。

逆境和攀登高山是一样的道理。逆境向上是艰难的，但
你的位置始终在向高处移动；而下山是顺势朝下的，是不用花
费什么力气的，但你是在走下坡路，领略不到高处美妙的风光。

在逆境中，我们很容易发现自己的弱点，这是我们身陷逆境的原因之一。

逆境也可以说是一种挫折，面对挫折时我们不能退缩，更不能埋怨挫折对你无休止的磨难，要学会用心灵打磨挫折，用热情去迎接挫折，用坚忍不拔的意志去战胜挫折。

挫折是爱情的试金石。

性格坚毅的人，对挫折的反应是冷静的；性格暴躁的人，对挫折的反应是强烈的；而性格懦弱的人，对挫折的反应是任命的。

玫瑰用藏着刺的花检验爱情的忠诚，挫折用带着刺的玫瑰拥抱它勇敢的恋人。

打磨挫折应该像执着打磨金子的金匠那样，每一次金属的撞击声都是那么精细、掷地有声！

挫折给人上的最生动一课就是把你从悬崖绝壁推下去，然后，再让你头破血流地爬上来。

正确对待压力

现代社会是一个到处充满压力的社会，有求学的压力，有家庭的压力，有工作的压力。美国精神健康研究所的菲利浦·戈尔德说，世界上不存在任何没有压力的环境。要求生活中没有压力，就好比幻想在没有摩擦力的地面上行走一样是不可能的，关键在于怎样对待压力。从事压迫感研究30多年的塞利说："现代人要么学会控制压迫感，要么走向事业的失败、疾病和死亡。"

学会与压力共处

其实，人们一直生活在两种压力中：一是作用于躯体的物理压力，如大气压、地心吸引力、心脏压力等，这些压力维持生命形式；二是内在的精神压力，如生存竞争的压力、对危险与死亡的恐惧、人际压力、情绪与情感的压力等，这些压力保持人的警觉（清醒状态）和合适的行为模式。

可见，压力并不都是无益的。研究压力与人类身心影响最有名的加拿大医学教授赛勒博士曾说："压力是人生的香料。"他提醒我们，不要认为压力只有不良影响，而应转换认知和情绪，多去开发压力的有利影响，本来人类在其一生中就是无法摆脱压力的。

既然无法逃避压力，就要学习与压力共处，若无法和平相存，甚至想克服压力来获得回馈，则可能导致各种身体与精神疾病。天天受到压力的折磨，不仅会对工作人员及家庭生活造成伤害，同时也会导致企业生产力和竞争力下降，甚至造成无可弥补的损失。

学习与压力共处，首先要对压力有所觉察。机体对压力往往有一种天生的吸收缓冲机制，一般的生活压力会被身体转化成活力与激情。如果一个人生活在流动的、不停变化的压力丛中，他的机体不仅可以是健康的，也是有饱满能量的。压力过小的生活让人消沉、昏昏欲睡、机体懈怠、思维变慢。但有两种压力可能使机体调节失常，一是突如其来的过大压力，二是持续不变低量的压力。觉察压力有三个层次：稍微多的压力引发纷乱的情绪；较大的压力带来躯体的各种不适反应；过大的压力出现意识缩窄，对环境反应迟钝，身心处在崩溃的边缘。

与压力共处的第二个原则是平衡。躯体与精神两种压力之间存在着某些联系，当躯体压力大时，精神压力也会慢慢增大，反之亦然。通过放松来释放躯体压力，精神的压力也在释放。当我们集中精力工作太久，或者长期处在竞争的状态里，可通过身体的放松来释放精神的压力。

与压力共处的第三个原则是舒缓压力的技术。这一点我们将在后面的文字里具体讲述。

与压力共处的第四个原则是保持积极心态。良好的心态可增加人们应对压力的能力，不良的心态本身就像一团乱麻，干扰人的内心。当然，更主要的是要对压力有正确的观念。压力并不可怕，可怕的是我们对压力有不恰当的观念与反应。越怕压力就越会生活在压力的恐惧中，喜欢压力的人在任何压力面前都会游刃有余。

如果学会与压力共处，就可把压力变成实实在在的动力：行为有效、感情丰富、精力充沛……

第二章

思考习惯：
拆掉大脑里的墙，看到不一样的风景

问题在发展，方法要更新

　　方法是需要不断更新的，对于同样的问题，随着时代和科技的进步，我们采用的解决方法也越来越科学。今天是最佳的方法，并不代表永远是最佳的方法，我们必须树立一种与时俱进的态度，不断学习，不断更新，永远追求更好的方法。

　　时代在前进，人们所掌握的知识越来越多，许多过去我们无法给出答案或是给出了错误答案的一系列问题，在今天都已不再是难题。既然问题在不断变化，人们掌握的东西也在不断发展，方法也必定是在不断更新的。

　　1928 年的暑假，天气格外闷热，英国伦敦赖特研究中心的弗莱明医生心情异常烦躁。他放下手中的实验，动身去郊外避暑了。工作台上的器皿杂乱无章地放着，这在一向细心的弗莱明 20 多年的科研生涯中还是第一次。

　　9 月初，天气渐凉。弗莱明回到了实验室。一进门，他习惯性地来到工作台前，看看那些盛有培养液的培养皿。望着已经发霉长毛的培养皿，他后悔在避暑前没把它们收拾好。一只长了一团团青绿色霉花的培养皿却引起了弗莱明的注意，他觉得这只被污染了的培养皿有些不同寻常。

他走到窗前，对着亮光，发现了一个奇特的现象：在霉花的周围出现了一圈空白，原先生长旺盛的葡萄球菌不见了。会不会是这些葡萄球菌被某种霉菌杀死了呢？弗莱明抑制住内心的惊喜，急忙把这只培养皿放到显微镜下观察，发现霉花周围的葡萄球菌果然全部死掉了！

于是，弗莱明特地将这些青绿色的霉菌培养了许多，然后把过滤过的培养液滴到葡萄球菌中去。奇迹出现了：几小时内，葡萄球菌全部死亡！他又把培养液稀释 10 倍、100 倍……直至 800 倍，逐一滴到葡萄球菌中，观察它们的杀菌效果，结果表明，它们均能将葡萄球菌全部杀死。

进一步的动物实验表明，这种霉菌对细菌有相当大的毒性，而对白细胞没有丝毫影响，就是说它对动物是无害的。

一天，弗莱明的妻子因手被玻璃划伤而开始手背化脓，肿痛得很厉害，这无疑是感染了细菌。弗莱明看着妻子红肿的手背，取来一根玻璃棒，蘸了些实验用的霉菌培养液给她涂上。第二天，妻子兴奋地跑来告诉弗莱明："亲爱的，您的药真灵！瞧，我的手背好了。您用的是什么灵丹妙药啊？"望着妻子消尽了红肿的手背，弗莱明高兴地说："我给它命名为盘尼西林（青霉素）！"

现实中，每天都会产生出许多新问题，也会发现许多新方法。

在青霉素发明之前，人们遇到细菌感染问题采用的是另一类方法，而在青霉素被发现之后，细菌感染的问题有了新的也是更有效的解决方法。

再举一个简单的例子。大家在电视剧里看到古代常用一种"滴血认亲"的方式来判断两者的亲属关系。我们姑且不论这个方法是否科学，随着科技的日新月异，要解决这个问题，已经不再采用古老的方法，而改用全新的科学技术，进行 DNA 比对。它们解决的是同一个问题，却用了不同的方法。由于古代科学技术的限制，我们不可能要求他们能运用当今的科技。同样，因为新技术的诞生，旧的方法也被新技术所取代。

只为成功找方法，不为问题找借口

制造托词来解释失败，这已是世界性的问题。这种习惯与人类的历史一样古老，这是成功的致命伤！制造借口是人类本能的习惯，这种习惯是难以打破的。柏拉图说过："征服自己是最大的胜利，被自己所征服是最大的耻辱和邪恶。"

顾凯在担任云天缝纫机有限公司销售经理期间，曾面临一种极为尴尬的情况：该公司的财务发生了困难。这件事被负责推销的销售人员知道了，并因此失去了工作的热忱，销售量开始下跌。后来，情况更为严重，销售部门不得不召集全体销售员开一次大会。全国各地的销售员皆被召去参加这次会议，顾凯主持了这次会议。

首先，他请手下最佳的几位销售员站起来，要他们说明销售量为何会下跌。这些被叫到名字的销售员一一站起来以后，每个人都有一段令人震惊的悲惨故事要向大家倾诉：商业不景气、资金缺少、物价上涨等。

当第五个销售员开始列举使他无法完成销售配额的种种困难时，顾凯突然跳到一张桌子上，高举双手，要求大家肃静。然后，他说道："停止，我命令大会暂停十分钟，让我把我的皮鞋擦亮。"

然后，他命令坐在附近的一名小工友把他的擦鞋工具箱拿来，并要求这名工友把他的皮鞋擦亮，而他就站在桌子上不动。

在场的销售员都惊呆了，他们有些人以为顾凯发疯了，人们开始窃窃私语。这时，只见那位小工友先擦亮他的第一只鞋子，然后又擦另一只鞋子，他不慌不忙地擦着，表现出第一流的擦鞋技巧。

皮鞋擦亮之后，顾凯给了小工友1元钱，然后发表他的演说。

他说："我希望你们每个人，好好看看这个小工友。他拥有在我们整个工厂及办公室内擦鞋的特权。他的前任的年纪比他大得多，尽管公司每周补贴他200元的薪水，而且工厂里有数千名员工，但他仍然无法从这个公司赚取足以维持他生活的费用。

"可是这位小工友不仅不需要公司补贴薪水，还可以赚到相当不错的收入，每周还可以存下一点钱来。他和他的前任的工作环境完全相同，也在同一家工厂内，工作的对象也完全相同。

"现在我问你们一个问题，那个前任拉不到更多的生意，是谁的错？是他的错，还是顾客的？"

那些推销员不约而同地大声说：

"当然了，是那个前任的错。"

"正是如此。"顾凯回答说，"现在我要告诉你们，你们现在推销缝纫机和一年前的情况完全相同：同样的地区、同样的对象以及同样的商业条件。但是，你们的销售成绩却比不上一年前。这是谁的错？是你们的错，还是顾客的错？"

同样又传来如雷般的回答：

"当然，是我们的错。"

"我很高兴，你们能坦率地承认自己的错误。"顾凯继续说，"我现在要告诉你们。你们的错误在于，你们听信了有关本公司财务发生困难的谣言，这影响了你们的工作热情，因此，你们不像以前那般努力了。只要你们回到自己的销售地区，并保证在以后30天内，每人卖出五台缝纫机，那么，本公司就不会再发生什么财务危机了。你们愿意这样做吗？"

大家都说"愿意"，后来果然也办到了。那些他们曾强调的种种借口，如商业不景气、资金缺少、物价上涨等，仿佛根本不存在似的，统统消失了。

卓越的必定是重视找方法的人。在他们的世界里不存在借口这个字眼，他们相信凡事必有方法去解决，而且能够解决得最完美。事实也一再证明，看似极其困难的事情，只要用心寻找方法，必定会成功。真正杰出的人只为成功找方法，不为问题找借口，因为他们懂得：寻找借口，只会使问题变得更棘手、更难以解决。

冷静才会想出好办法

在生活中，我们总会面临一个个困难或问题的考验，但那只不过是暂时的，只要我们保持冷静，努力寻找方法并理智地面对困难，就一定能走出黑暗，迎接新的曙光。

每个人都会在生活和工作中遇到这样那样的困难，只有在困境中保持冷静，有一个清醒的头脑才能赢得寻找方法的机会。下面这个故事就证明了这一点。

故事发生在某个国度。一对官员夫妇在家中举办了一次丰盛的宴会。地点设在他们宽敞的餐厅里，那儿铺着明亮的大理石地板，房顶吊着不加任何修饰的椽子，出口处是一扇通向走廊的玻璃门。客人中有当地的陆军军官、政府官员及其夫人，另外还有一名英国生物学家。

宴会中，一位年轻女士同一位上校进行了热烈的讨论。这位女士的观点是如今的妇女已经有所进步，不再像以前那样，一见到老鼠就从椅子上跳起来。可上校却认为妇女们没有什么改变，他说："不论碰到什么危险，妇女们总是一声尖叫，然后惊慌失措。而男人们碰到相同情形时，虽也有类似的感觉，但他们却多了一点勇气，能够适时地控制自己，冷静对待。可见，男人的勇气是最重要的。"

那位生物学家没有加入这次辩论，他默默地坐在一旁，仔细观察着在座的每一位。这时，他发现女主人露出奇怪的表情，两眼直视前方，显得十分紧张。很快，她招手叫来身后的一位男仆，对其进行一番耳语。仆人惊恐万分，他很快离开了房间。

除了生物学家，没有其他客人注意到这一细节，当然也就没有其他人看到那位仆人把一碗牛奶放在门外的走廊上。

生物学家突然一惊。在当地，地上放一碗牛奶只代表一个意思，即引诱一条蛇。也就是说，这间房子里肯定有一条蛇。他首先抬头看屋顶，那里是毒蛇经常出没的地方，可那儿光秃秃的，什么也没有；再看饭厅的四个角，三个角落都空空如也，另一个角落也站满了仆人，正忙着端菜；现在只剩下最后一个地方他还没看，那就是餐桌下面。

生物学家的第一想法便是向后跳出去，同时警告其他人。但他转念一想，这样肯定会惊动桌下的毒蛇，而受惊的毒蛇最容易咬人。于是他一动不动，迅速地向大家说了一段话，语气十分严肃，以至于大家都安静下来。

"我想试一试在座诸位的控制力有多大。我从1数到400，这会花去6分钟，这段时间里，谁都不能动一下，否则就罚他60个卢比。预备，开始！"

生物学家不紧不慢地数着数，餐桌旁的20个人全都像雕像似的一动不动。当数到388时，生物学家终于看见一条眼镜蛇向门外有牛奶的地方爬去。他飞快地跑过去，把通向走廊的门一下子关上。蛇被关在了外面，室内立即发出一片尖叫。

"上校，事实证明了你的观点。"男主人这时感叹道，"正是一个男人，刚才给我们做出了从容镇定的榜样。"

"且慢！"生物学家说，然后转身朝向女主人，"温兹女士，你是怎么发现屋里有条蛇的呢？"

女主人脸上露出一抹浅浅的微笑："因为它从我的脚背上爬了过去。"

不敢想象，如果女主人和生物学家不能冷静地面对突如其来的危机，会出现什么样的后果。冷静，是一种良好的心理机制，为找到方法解决困难赢得了主动，我们每个人都应该练就这种处变不惊的智慧。

换一种思维，换一片天地

有的时候，我们可能无法改变生存的外在环境，但是我们可以换换自己的思维，适时改变一下思路，只要我们放弃盲目的执着，选择理智的改变，就有可能开辟出一条别样的成功之路。

"山重水复疑无路，柳暗花明又一村。"一扇门关上，另一扇门会打开。世界上没有死胡同，关键就看你如何去寻找出路。当你在工作中遭遇困境的时候，学着换一种眼光和思维看问题，相信你一定能够化逆境为顺境，化问题为机遇。

从前，有位秀才进京赶考，住在一家以前经常住的店里。这已经是他第五次进京赶考，所以对一切事情都小心翼翼。考试前他做了三个梦，第一个梦是梦到自己在屋顶上种南瓜；第二个梦是下雨天，他戴了斗笠还打伞；第三个梦是梦到跟心爱的未婚妻躺在一起，但是背靠着背。

这三个梦似乎有些深意，秀才第二天就赶紧去找算命的解梦。算命的一听，连拍大腿说："你还是回家吧！你想想，屋顶上种南瓜不是白费劲吗？戴斗笠打雨伞不是多此一举吗？跟未婚妻躺在一张床上，却背靠背，不是没戏吗？"

秀才一听，心灰意冷，回店收拾包袱准备回家。店老板非常奇怪，问："不是明天才考试吗，今天你怎么就回乡了？"

秀才把算命先生的解梦说了一番，店老板乐了："哟，我也会解梦的。我倒觉得，你这次一定要留下来。你想想，屋顶上种南瓜不是高种吗？戴斗笠打雨伞不是说明你这次有备无患吗？跟你未婚妻背靠背躺在床上，不是说明你翻身的时候就要到了吗？"

秀才一听，觉得更有道理，于是精神振奋地去参加考试，居然中了榜眼。

换一种思维方式，能使你在做事情、遭遇困境时找到峰回路转的契机，同时赢得一片新的天地。

在一个家电公司的会议上，高层主管们正在为自己新推出的加湿器制订宣传方案。

在现有的家电市场上，加湿器的品牌已经多如牛毛，而且每个厂家都挖空了心思来推销自己的产品。怎样才能在如此激烈的竞争中，将自己的加湿器成功地打入市场呢？所有的主管都为此一筹莫展。

这时，一个新上任的主管说道："我们一定要局限在家电市场吗？"所有的人都愣住了，静听他的下文："有一次，我在家里看见妻子做美容用喷雾器，于是就想，我们的加湿器为什么不可以定位在美容产品上呢……"

他还没有说完，总裁就一跃而起，说道："好主意！我们的加湿器就这样来推销！"

于是，在他们新推出的广告理念中，加湿器就被作为冬季最好的保湿美容用品。他们的口号是——加湿器：给皮肤喝点水。

新的加湿器一上市，就成功抢占了市场，当然，这和他们新颖的创意宣传是分不开的。

在家电市场竞争日益激烈的销售战中，几乎每种品牌都在尽力地使人们记住他们的产品，在这种情况下，如果依然在家电圈子里打主意，意义就不大了。

重新为自己的产品定位，给自己的产品一个新的角度，该家电公司的这一全新的理念，为自己赢来了一个新的市场。这样的创新，不仅使消费者耳目一新，重新认识了加湿器，也使他们避开了激烈的家电市场竞争，成功地推销了自己的产品。

不能改变环境，就学着适应它

适应环境需要许多条件，最重要的是你的信心与智慧，它们相辅相成、缺一不可，有了适应环境的决心和勇气，肯定能够想出解决问题的好方法。

人的生存离不开环境，环境一旦变化，我们必须随时调整自己的观念、思想、行动及目标以适应这种变化，这是生存的客观法则。

但是，有时环境的发展，与我们的事业目标、欲望、兴趣、爱好等发展是不合拍的，有时甚至会阻碍、限制我们欲望和能力的发展。在这个时候，如果我们有能力、有办法来适应环境，使之满足我们能力和欲望的发展需求，则是最难能可贵的。

毕业于某高校音乐学院的小李，被分配到一家国企的工会做宣传工作。刚开始时，他很苦恼，认为自己的专业与工作不对口，在这里长干下去，不但会耽误自己的前途，而且自己的才华也可能被荒废。于是，他四处活动，想调到一个适合自己发展的单位。可是，几经周折，终未成功。之后，他便死心塌地地待在这个工作岗位上，并发誓要改变"英雄无用武之地"的状况。他找到单

位工会主席，提出了自己要为企业筹建乐队的计划。正好这个企业刚从低谷走出来，开始进入高速发展时期，自然也想大张旗鼓地宣传企业形象，提高产品的知名度，就欣然同意了他的计划。他来了精神，跑基层、寻人才、买器具、设舞台、办培训，不出半年，就使乐团初具规模。两年以后，这个企业乐团的演奏水平已成为全市一流，而且堪与专业乐团媲美，而他自己也成了全市知名度较高的乐队经理。通过自己的努力，他完全改变了自己所处的环境，化劣势为优势，不但开辟了自己施展才能的用武之地，而且锻炼了自己的管理才能，为他以后寻求更大的发展奠定了坚实的基础。

在现实生活中，有的人却不这样，他们改变不了环境，也不利用环境去努力寻找，创造新的机遇，而是怨天尤人、自暴自弃，把自己逼到了死角，一生难有作为。

其实，我们经常会身处一个陌生、被动的环境中，而环境本身往往又是不容易被改变的。这时正确的做法就是适应环境，在适应中改变自己、提升自己。

正如一句话所说："自己的命运掌握在自己手中。"当你无法改变身处的环境时，就应该以一种积极、向上的态度去适应它，在你付出勤奋、敬业后，便会发现成功已悄然来临。如果有一天你实现了自己的人生目的，你应该自豪地对自己说："我掌握了命运，这都是我适时调整自己的结果。"

挑战权威的话语权

做任何事情，都不要迷信权威，不要生活在他人的阴影之下。

因为权威并非万能的，只要你坚定自己的信念，走自己认为正确的道路，很快就能实现自己的理想。

"人微言轻，人贵言重。"我们的心灵深处，都有对权威的崇拜情结。很多人出于对权威的过分信任，认为有权威存在，所以自己不用去思考，免得浪费时间，凡事跟随权威就行。

霍金曾说："你向权威妥协一小步，就离真理远了一大步。判断一些理论观点和科学成果不在于权威的声名，而在于你对科学的认真，你一认真，事情就可能是另外一个样子。"挑战权威，也是挑战自我，只有勇于挑战，才有辉煌的成功。

小泽征尔是世界上著名的交响乐指挥家，他在一次世界音乐指挥家大赛的决赛中，按照评委会给他的乐谱指挥演奏时，发现有不和谐的地方。他认为是乐队演奏错了，就停下来重新演奏，但还是不如意。这时，在场的所有作曲家和评委会的权威人士都郑重地说明乐谱没有问题，而是小泽征尔的错觉。面对这些音乐大师和权威人士，他经过再三地思考，坚定地说："不，一定是乐谱错了！"话音刚落，评判台上立刻响起了热烈的掌声。

原来，这是评委们精心设下的圈套，以此来检验指挥家们在发现乐谱错误并遭到权威人士"否定"的情况下，是否能坚持自己的正确判断。前两位参赛者虽然也发现了问题，但终因屈服于权威而遭淘汰。小泽征尔则不然，因此，他在这次世界音乐指挥家大赛中夺取了桂冠。

做任何事情，都不要迷信权威，不要生活在他人的阴影之下。因为权威并非万能的，只要你坚定自己的信念，走自己认为正确的道路，很快就能达到自己理想的目标。

历史就是在不断地对自身否定中实现进步的。只有率先向权威挑战的人，才会较早地得到成功的垂青。

1879 年，大发明家爱迪生发明了电灯，输电网的建设因直流电的局限而进展缓慢，与此同时，乔治·威斯汀豪斯组织了一个科研班子，专门研制新的变压器和交流输电系统。

爱迪生认为应用交流电是极其危险的，他极力反对这件事情。为了阻止威斯汀豪斯的创新，爱迪生花费数千美元，向外界宣传交流电如何可怕，使用它将会给人类带来多么大的危险。在维斯特莱金研究所，爱迪生召见新闻记者，当众用 1000 伏交流电作电死猫的表演。他还为此发表一篇题为《电击危险》的权威性文章，表达了自己反对研究和应用交流电的观点。

面对爱迪生这位权威，威斯汀豪斯丝毫没有气馁，对围攻交流电的宣传也不甘示弱，他竭尽全力为交流电的推广奔走、努力，并且针锋相对的在杂志上发表了《回驳爱迪生》的文章，对爱迪生的观点进行了质疑。

但是，正当威斯汀豪斯为交流电推广奔走时，令他做梦也想不到的事情发生了，纽约州法庭下令用交流电椅代替死刑绞架，这给威斯汀豪斯带来致命的一击。对爱迪生来说，这真是上天赐给他的最好机会，他借着电椅大做文章，再次把恐怖气氛煽动起来。而受到意外打击的威斯汀豪斯，虽然在大名鼎鼎的爱迪生这个权威面前处于劣势，但他并不气馁，始终坚信交流电的应用将给世界带来新的光明。

1893 年，美国在芝加哥准备举办纪念哥伦布发现美洲大陆400 周年的国际博览会。会上的精彩展品之一就是点亮 25 万只电灯，为此，很多企业争相投标，以获取这名利双收的"光彩工程"。

爱迪生的通用电气公司以每盏灯出价 13.98 美元投标，并满怀信心能拿下这笔生意。

威斯汀豪斯闻讯赶来，以每盏灯 5.25 美元的极低标价与通用电气公司竞争，这大大出乎所有人的意料。博览会的负责人吃惊地问他："你投下如此的低价，能获利吗？"

"获利对我并不重要，重要的是让人看到交流电的实力。"威斯汀豪斯坦然地回答。对威斯汀豪斯的话，人们将信将疑。

国际博览会隆重开幕了，人们发现数万盏电灯在夜幕下光彩夺目，非常壮观。人们也争先传颂，是威斯汀豪斯用交流电照亮了世界。

望着无比灿烂的灯光，爱迪生低头沉思，并对自己的失误深感遗憾，同时也对后来居上的创新者表示敬佩。

假如威斯汀豪斯迷信权威，对爱迪生的多次攻击束手无策，交流电绝不会迅速在社会上崛起，也不可能有威斯汀豪斯电气公司的辉煌。

人们总是羡慕发明创造者，觉得上天太宠幸他们，给了他们那么多机遇，实际上，我们身边也有许多创新机会，就看你善不善于捕捉它。捕捉创新的机遇，取得意想不到的创新成果，往往取决于我们有没有捕捉机会的敏锐头脑，有没有善于从司空见惯的现象中发现问题、捕捉疑点的慧眼，有没有在权威下过"结论"、做过"论断"的所谓"终极真理"面前敢于质疑的勇气。

创新帮你解决棘手难题

创新思维是开放的思维，也是开拓的思维。它不会拘泥于某一种形式，而是一种方式不行就换另一种，一条路不通就走另一条，直至找到最佳的解决方法为止。

生活中，我们每天都要面对各种各样的问题，可以说，人生的过程就是解决问题的过程。

面对难题，我们通常会有三种态度：

（1）逃避。认为自己无法解决，所以选择不面对，避而远之。

（2）随便解决。尽管解决了，但并没有找到最佳途径。

（3）找到最好的解决办法。这才是面对问题最好的态度：不仅要解决，而且要通过最好的方法来解决。

那如何才能找到最好的方法来解决棘手难题呢？

创新无疑是至关重要的。很多时候，创新能帮助你解决难题，而且能帮你找到最好的解决方法。

韩国现代集团创始之时，其创始人郑周永投资创建了蔚山造船厂，目标是造 10 万吨级超大油轮。很快，船厂就建起来了，但由于当时很多人对韩国人自己造这么大吨位的油轮持怀疑态度，因此几个月过去了，竟然连一个客户都没有。

这下可急坏了郑周永。因为建造船厂的大量资金用的是银行贷款，一旦长时间接不到订单，不仅银行的巨额贷款无法偿还，甚至会使自己陷入破产的境地。

该怎么办呢？郑周永冥思苦想，突然，他从自己收藏的一堆发黄的旧钞票中，看到了一张 500 元纸币，纸币上印有 15 世纪朝鲜民族英雄李舜臣发明的龟船。龟船是古代的一种运兵船，当时李舜臣就是用它粉碎了日寇的侵略，捍卫了国家的尊严。

郑周永意识到这是一个绝好的机会，他一面叫人根据这张旧钞的内容制造了大量宣传品，一面拿着这张旧钞四处游说，宣传朝鲜在 400 多年前就已经具备了造船能力，因此现在完全有能力建造现代化大油轮。

经过反复宣传，郑周永很快拿到了两张各为 13 万吨级油轮的订单。

郑周永的创新不仅使自己的船厂绝处逢生，跻身世界造船业的前列，而且也为国家争得了荣誉。

打破常规，突破传统思维的束缚，哪怕是一个小小的突破，也会产生非凡的效果。日本东芝电气公司的一个小员工，就因为一个不太起眼的创意，为公司的发展做出了巨大贡献。

1952 年前后，日本的东芝电气公司曾一度积压了大量的电扇卖不出去。几万名员工为了打开销路，费尽心机地想办法，依然进展不大。

有一天，一个小员工向当时的董事长提出了改变电扇颜色的建议。当时，全世界的电扇都是黑色的，东芝公司生产的电扇自然也不例外。这个小员工建议把黑色改为浅色。经过研究后，公司采纳了这个建议。

第二年夏天，东芝公司推出了一批浅蓝色电扇，大受顾客欢迎，市场上甚至还掀起了一阵抢购热潮，几十万台电扇在几个月之内一销而空，解决了产品积压这一棘手问题。从此以后，在日本乃至全世界，电扇就不再是一副统一的黑色面孔了。

此实例具有很强的启发性。只是改变了一下颜色，就能让大量积压滞销的电扇，在几个月之内迅速地成为畅销品！而提出它，既不需要有渊博的科技知识，也不需要有丰富的商业经验，为什么东芝公司的其他几万名员工就没人想到，没人提出来？为什么日本以及其他国家有成千上万的电气公司，以前也都没人想到，没人提出来？

这显然是因为行业惯例使然。电扇自问世以来就以黑色示人，各厂家彼此仿效，代代相袭，渐渐地形成一种传统，似乎电扇只能是黑色的，不是黑色的就不成其为电扇。这样的惯例与常规，反映在人们头脑中，便形成一种心理定式。时间越长，这种定式对人们的创新思维束缚力就越强，要摆脱它的束缚也就越困难，越需要做出更大的努力。东芝公司这位小员工所提出的建议，从思考方法的角度来看，其可贵之处就在于，它突破了"电扇只能漆成黑色"这一思维定式的束缚。

突破思维定式，进行创新思考，是你解决问题的最佳办法的源泉，也将是你成功的法宝。

难题是阻碍我们前进的障碍，也是帮助我们成长的基石。

当难题摆在我们面前时，弱者会选择逃避，强者则会迎难而上。虽然解决难题的方法有很多，但创新无疑是解决棘手难题的最佳办法之一。

抓住问题的关键点

治病要讲究"对症下药"，解决问题也是一样的道理，要找对关键点，抓住问题的"症结"。当你在工作中遭遇难题，一筹莫展的时候，不妨让自己冷静下来，仔细分析一下问题，找到"症结"，对症下药，问题就可以顺利解决。

新加坡著名作家尤今有这样一次经历：当他还是一名记者时，一次，他托一位同事代买圆珠笔，并再三叮嘱他："不要黑色的，记住，我不喜欢黑色，暗暗沉沉，肃肃杀杀。千万不要忘记呀，12 支，全部不要黑色。"第二天，同事把那一打笔交给他时，他差点昏过去：12支，全是黑色的。

他的同事却振振有词地反驳："你一再强调黑色的、黑色的，忙了一天，昏昏沉沉地走进商场时，脑子里印象最深的两个词是：12支，黑色。于是我就一心一意地只找黑色的买了。"其实，只要言简意赅地说"请为我买12支蓝色的笔"，相信同事就不会买错了。从此以后，尤今无论说话、撰文，总是直入核心，直切要害，不去兜无谓的圈子。

由此可见，无论是工作、学习还是处理生活问题，都要讲究方法。只有抓住关键问题，切中问题的要害，才能使我们的工作和学习事半功倍。

有一家核电厂在运营过程中遇到了严重的技术问题，导致整个核电厂生产效率的降低。核电厂的工程师虽然尽了最大努力，但还是没能找到问题所在。于是，他们请来了一位顶尖的核电厂建设与工程技术顾问，看看他是否能够确定问题的所在。顾问穿上白大褂，带上写字板，就去工作了。在两天的时间里，他四处走动，在控制室里查看数百个仪表、仪器，记好笔记，并且进行计算。

临离开前顾问从衣兜里掏出笔，爬上梯子，在其中一个仪表上画了一个大大的"×"。"这就是问题所在。"他解释说，"把连接这个仪表的设备修理、更换好，问题就解决了。"顾问走后，工程师们把那个装置拆开，发现里面确实存在问题。故障排除后，电厂完全恢复了原来的发电能力。

大约一周之后，电厂经理收到了顾问寄来的一张一万美元的"服务报酬"账单。电厂经理对账单上的数目感到十分吃惊。尽管这个设备价值数十亿美元，并且由于机器的故障损失数额巨大，但是以电厂经理之见，顾问来到这里，只是到各处转了两天，然后在一个仪表上画了一个"×"就回去了。对于这么一项简单的工作收费一万美元似乎太高了。

于是，电厂经理给顾问回信说："我们已经收到了您的账单。能否请您将收费明细详细地逐项分列出来？好像您所做的全部工作只是在一个仪表上画了一个'×'，一万美元相对于这个工作量似乎是比较高的价格。"

过了几天，电厂经理收到顾问寄来的一份新的清单，上面写道："在仪表上画'×'：1美元；查找在哪一个仪表上画'×'：9999美元。"

这个简单的故事向我们揭示了一个深刻的道理：一个人，如果想在生活中获得成功、成就和幸福，一条最重要的定律，就是必须知道其生活中的每个阶段的关键点何在，这是我们成就每件事情的至关重要的决定因素。从重点问题突破，是高效能人士思考的习惯之一，如果一个人没有重点的思考，就抓不住事物的关键。那么，他做事的效率必然十分低下。相反，如果他抓住了主

要矛盾，解决问题就变得容易多了。

化问题的压力为前进的动力

也许你的生存压力不小，烦恼也不少，切忌陷入自我忧虑中，而要化这些压力为前进的动力，冷静思考，理清思路，全面评估现状，找到应对策略和行动方案。记住，你的力量远远比压力大得多。

琼斯在威斯康星州经营农场，有限的收入只能勉强维持全家人的生活，他的身体强健，工作认真勤勉，从来不敢妄想拥有巨大的财富。在一次意外事故中，琼斯瘫痪了，躺在床上动弹不得。亲友都认为他这辈子完了，事实却不然。

他决定让自己活得充满希望、乐观，做一个有用的人，继续养家糊口，而不至于成为家人的负担。

他把自己的构想告诉了家人。"我的双手不能工作了，我要开始用大脑工作，由你们代替我劳作。我们的农场全部改种玉米，用收获的玉米养猪，趁着乳猪肉质鲜嫩的时候灌成香肠出售，一定会很畅销。"

"琼斯乳猪香肠"果然一炮打响，成为家喻户晓的美食。

生活抛给我们一个问题，也一定会赋予我们解决问题的能力。

人生不总是一帆风顺的，各种各样的挫折都会不期而遇。幸运和厄运，各有令人难忘之处，不管我们得到了什么，都没有必要张狂或沉沦。

当你面对巨大的压力时，不要沉沦。你应该保持镇静，理智地应对，要相信自己有解决任何问题的能力。

琼斯的身体瘫痪了，对他来说，这无疑是其人生中一种莫大的压力，可他的意志丝毫没受影响，他化这种压力为前进的动力，乐观地面对残酷的现实。他利用自己的大脑，然后借用别人的手，依然干出了自己的一番事业。

现实生活中，每个人都不必总乞求阳光明媚，微风习习。要知道，随时都有可能狂风大作，乱石横飞，无论是哪块石头砸到你，你都应有迎接厄运的气度，在打击和挫折面前做个勇者，跌倒了再爬起来，将以勇者的姿态迎接命运的挑战。

也许沙尘眯过你的眼睛，但沙尘过后，举目一望，不依然是春花烂漫、阳光和煦吗？不经历风雨怎么见彩虹。喋喋不休地诅咒，只能证明自己心胸狭窄和不成熟。与其如此，不如对它说声谢谢，感谢挫折和压力，是它让我们变得更坚强。

人生苦短，由此不难让我们联想到，云南大理白族的三道茶，就是一苦二甜三淡，象征着人生的三重境界。苦尽才能甘来，随之才有潇洒的人生，才会不屈服于挫折的压力，开创大业，走向人生的辉煌。

第三章

工作习惯：
态度决定高度，习惯胜于能力

在行动前设定目标

在这个世界上有这样一个现象，那就是"没有目标的人在为有目标的人达到目标"。因为没有目标的人就好像没有罗盘的船只，不知道前进的方向；有明确、具体目标的人就好像有罗盘的船只一样，有明确的方向。在茫茫大海上，没有方向的船只只有跟随着有方向的船只走。

IBM 公司的创始人托马斯·约翰·沃森说过："有两种人永远无法超越别人：一种人是只做别人交代的工作，另一种人是做不好别人交代的工作。"哪种情况更令人丧气，实在很难说。总之，他们会成为第一个被裁员的人，或是在同一个单调而卑微的工作岗位上耗费终生的精力。

沃森先生所指的两种人心中都没有十分明确的目标。等待他们的将是卑微的职位和庸碌的人生。阿尔伯特·哈伯德先生说过，如果你并不想从工作中获得什么，那么你只能在漫长的职业生涯的道路上无目的地漂流。只有目标在前方召唤，才会有进取的动力。在《爱丽丝漫游奇境》中，小爱丽丝问小猫咪："请你告诉我，我应该走哪条路呢？"

猫咪说："这在很大程度上看你要去什么地方。"

"去哪儿我都无所谓。"爱丽丝说。

"那么你走哪条路都可以。"猫咪回答道。

"这……那么，只要能到达某个地方就可以了。"爱丽丝补充道。

"亲爱的爱丽丝，只要你一直走下去，肯定会到达那里的。"

现实中，像爱丽丝那样去哪里都无所谓的员工大有人在。他们在工作中标榜努力工作，勤奋学习，但从来没有一个工作目标，更谈不上职业规划。他们机械地工作，这种工作状态，是永远无法达到最高效率的。可以毫不过分地说，他们个人的发展会因此走更多的弯路，因为一个人从平凡到卓越的前提是确定工作的目标。

世界一流效率提升大师博恩·崔西说："成功最重要的前提是知道自己究竟想要什么。成功的首要因素是制订一套明确、具体而且可以衡量的目标和计划。"

我们每个人都渴望成功，都渴望实现财务自由，都渴望干自

己想干的事，去自己想去的地方。要想成功就要达成自己设定的目标或是完成自己的愿望；否则，成功是不现实的。成功就是实现自己有意义的既定目标。

有目标未必能够成功，但没有目标的人一定不能成功。博恩·崔西说："成功就是目标的达成，其他都是这句话的注解。"现实中那些顶尖的成功人士不是成功了才设定目标，而是设定了目标才成功。

美国哈佛大学对一批大学毕业生进行了一次关于人生目标的调查，结果如下：

27%的人，没有目标；60%的人，目标模糊；10%的人，有清晰而短期的目标；3%的人，有清晰而长远的目标。

25年后，哈佛大学再次对这批学生进行了跟踪调查，结果是：

那3%的人，25年间始终朝着一个目标不断努力，几乎都成为社会各界成功人士、行业领袖和社会精英；10%的人，他们的短期目标不断实现，成为各个领域中的专业人士，大都生活在社会中上层；60%的人，他们过着安稳的生活，也有着稳定的工作，却没有什么特别的成绩，几乎都生活在社会的中下层；剩下27%的人，生活没有目标，并且还在抱怨他人，抱怨社会不给他们机会。

生命是可贵的，但是只有在它还有一些价值的时候去做应该做的事，去实现自己的目标，人生才会有意义。

在生命中没有一个中心目标的人，很容易受到一些微不足道的诸如忧虑、恐惧、烦恼和自怜等情绪的困扰。所有这些情绪都是软弱的表现，都将导致无法回避的过错、失败、不幸和失落。在竞争日趋激烈的现代化社会，这只能导致一个人工作效能和生活质量的下降。甚至会影响到一个人的身体健康。一位美国的心理学家发现，在为老年人开办的疗养院里，有一种现象非常有趣：每当节假日或一些特殊的日子，像结婚周年纪念日、生日等来临的时候，死亡率就会降低。他们中有许多人为自己立下一个目标：要再多过一个圣诞节、一个纪念日、一个国庆日等等。等这些日子一过，心中的目标、愿望已经实现，继续活下去的意志就变得微弱了，死亡率便立刻升高。

培养重点思维

一个人只有养成了重点思维的习惯，才能在实际中避免眉毛胡子一把抓，从而赢得经营上的成功和丰厚的利润，也才会在日后的工作中取得良好的成绩。

从重点问题突破，是高效能人士思考的习惯之一，如果一个人没有重点地思考，就等于无主要目标，做事的效率必然会十分低下。相反，如果他抓住了主要矛盾，解决问题就变得容易多了。

查尔斯是一个具有重点思维习惯的人。他于1970年加入了凯蒙航空公司从事业务工作，三年以后，美国西南航空公司出资买下了这家公司，查尔斯先后担任了市场调研部主管和公司经理。他由于熟悉业务，并且善于解决经营中的主要问题，使这家公司发展成北美第一流的旅游航空公司。

查尔斯的经营才能得到了公司高层领导的高度重视，他们决定对查尔斯进一步委以重任。

航联下属的一家国内民航公司购置了一批喷气式客机，由于经营不善，连年亏损，到最后就连购机款也偿还不起。1978年，查尔斯调任该公司的总经理。担任新职的查尔斯充分发挥了擅长重点思维的才干，他上任不久，就抓住了公司经营中的问题症结：国内民航公司所订的收费标准不合理，早晚高峰时间的票价和中午空闲时间的票价一样。查尔斯将正午班机的票价削减一半以上，以吸引去瑞典湖区、山区的滑雪者和登山野营者。此举一出，很快就吸引了大批乘客，载客量猛增。查尔斯任主管后的第一年，国内民航公司即扭亏为盈，并获得了丰厚利润。

查尔斯认为，如果停止使用那些大而无用的飞机，公司的客运量还会有进一步的增长。一般旅客都希望乘坐直达班机，但庞大的"空中巴士"无法满足他们的这一愿望，尽管 DC-9 客机座位较少，但如果让它们从斯堪的纳维亚的城市直飞伦敦或巴黎，就能赚钱。原来的安排是 DC-9 客机一般到了哥本哈根客运中心就停飞，乘客只好去转乘巨型"空中客车"。查尔斯把这些"空中客车"撤出航线，仅供包租之用，辟设了奥斯陆—巴黎之类的直达航线。

与此同时，查尔斯的另一举措也充分显示了他的重点思维能力，这就是"翻新旧机"。

当时市场上的那些新型飞机引不起查尔斯的兴趣，他说，就乘客的舒适程度而言，从 DC-3 客机问世之日起，客机在这方面并无多大改进。他敦促客机制造厂改革机舱的布局，腾出地盘来加宽过道，使乘客可以随身携带更多的小件行李。查尔斯不会想不到他手下的飞机已使用达 14 年之久，但是他声称，秘诀在于让旅客觉得客机是新的。西南航空公司拿出 1500 万美元（约为购买一架新 DC-9 客机所需费用的六分之一）来给客机整容，更换内部设施，让班机服务人员换上时尚工装。公司的 DC-9 客机一直使用到1990 年。靠着那些焕然一新的 DC-9 客机，招徕了越来越多的乘客，当然，滚滚财源也随之而来。

要事第一

　　要事第一是高效能人士的一项十分重要的习惯，区分正确地做事与做正确的事是要事第一的核心思想，其内涵是指我们在做事的过程中，做正确的事比正确地做事更加重要。的确，如果我们的选择一开始就是一个错误，那么，无论过程多完美也不会有什么好的结果。

正确地做事与做正确的事

　　创设遍及全美的市务公司的亨瑞·杜哈提说，不论他出多少薪水，都不可能找到一个具有两种能力的人。这两种能力是：第一，能思想；第二，能按事情的重要程度来做事。因此，在工作中，如果我们不能选择正确的事情去做，那么唯一正确的事情就是停止手头的事情，直到发现正确的事情为止。由此可见，做事的方向性至关重要。然而，在现实生活中，无论是企业的商业行为，还是个人的工作方法，人们关注的重点往往在于前者：效率和正确做事。

　　实际上，第一重要的是效能而非效率，是做正确的事而非正确做事。"正确地做事"强调的是效率，其结果是让我们更快地朝目标迈进；"做正确的事"强调的则是效能，其结果是确保我们的工作是在坚定地朝着自己的目标迈进。换句话说，效率重视的是做一件工作的最好方法，效能则重视时间的最佳利用——包括做或是不做某一项工作。

"正确地做事"是以"做正确的事"为前提的，如果没有这样的前提，"正确地做事"将变得毫无意义。首先要做正确的事，然后才存在正确地做事。正确地做事，更要做正确的事，这不仅仅是一个重要的工作方法，更是一种很重要的工作理念。任何时候，对于任何人或者组织而言，"做正确的事"远比"正确地做事"重要。

正确地做事与做正确的事是两种截然不同的工作方式。正确地做事就是一味地例行公事，而不顾及目标能否实现，是一种被动的、机械的工作方式。工作只对上司负责，对流程负责，领导叫干啥就干啥，一味服从，铁板一块，是一种被动的工作状态。在这种状态下工作的人往往是不思进取，患得患失，不求有功，但求无过，做一天和尚撞一天钟，混日子。

而做正确的事不仅注重程序，更注重目标，是一种主动的、能动的工作方式。工作对目标负责，做事有主见，善于创造性地开展工作。这种人积极主动，在工作中能紧紧围绕公司的目标，为实现公司的目标而发挥人的能动性，在制度允许的范围内，进行变通，努力促成目标的实现。

这两种工作方式的根本区别在于：前者只对过程负责，后者既对过程负责又对结果负责；前者等待工作，后者是主动地工作。同样的时间，这两种不同的工作方式产生的区别是巨大的。

卡尔森钢铁公司总裁查理·卡尔森，为自己和公司的低效率而忧虑，于是去找效率专家史蒂芬·柯维寻求帮助，希望他能够为他提供一套思维方法，告诉他如何在短短的时间里完成更多的工作。

史蒂芬·柯维说："好！我10分钟就可以教你一套至少提高

效率50%的最佳方法。把你明天必须要做的最重要的工作记下来，按重要程度编上号码。最重要的排在首位，以此类推。早上一上班，马上从第一项工作做起，一直做到完成为止。然后用同样的方法对待第二项工作、第三项工作……直到你下班为止。即使你花了一整天的时间才完成了第一项工作，也没关系。只要它是最重要的工作，就坚持做下去。每天都要这样做。在你对这种方法的价值深信不疑之后，叫你的公司的人也这样做。这套方法你愿意试多久就试多久，然后给我寄张支票，并填上你认为合适的数字。"

卡尔森认为这个思维方式很有用，不久就填了一张25 000美元的支票给史蒂芬·柯维。卡尔森后来坚持使用史蒂芬教授教给他的那套方法，五年后，卡尔森钢铁公司从一个鲜为人知的小钢铁厂一跃成为最大的不需要外援的钢铁生产企业。卡尔森常对朋友说："我和整个团队坚持拣最重要的事情先做，我认为这是我的公司多年来最有价值的一笔投资！"

做到要事第一的七个关键

那么我们在工作中如何提高自己的工作效能，做到要事第一呢？

1. 明确公司目标

要做到要事第一，首先我们要明确公司的发展目标，站在全局的高度思考问题，这样可避免重复作业，减少错误。

我们在工作中，必须理清的问题包括：我现在的工作必须做出哪些改变？可否建议我要从哪个地方开始？我应该注意哪些事情，避免影响目标的达成？有哪些可用的工具与资源？

2. 找出"正确的事"

要实现要事第一，第二个关键就是要根据公司发展目标找出"正确的事"。

工作的过程就是解决一个个问题的过程。有时候，一个问题会摆到你的办公桌上让你去解决。问题本身已经相当清楚，解决问题的办法也很清楚。但是，不管你要冲向哪个方向，想先从哪个地方下手，正确的工作方法只能是：在此之前，请你确保自己正在解决的是正确的问题——很有可能，它并不是先前交给你的那个问题。搞清楚交给你的问题是不是真正的问题，唯一的办法就是更深入地挖掘和收集事实，多问、多看、多听、多想，一般用不了多久，你就能搞清楚自己走的方向到底对不对。

3. 保持高度责任感

一名高效能人士在工作中要时刻保持高度的责任感，自觉地把自己的工作和公司的目标结合起来，对公司负责，也对自己负责；最后，发挥自己的主动性、能动性，去推进公司发展目标的实现。

4. 学会说"不"

一名高效能人士要学会拒绝，不让额外的要求扰乱自己的工作进度。

对于许多人来说，拒绝别人的要求似乎是一件难上加难的事情。拒绝的技巧是非常重要的职场沟通能力。在决定你该不该答应对方的要求时，应该先问问自己："我想要做什么？不想要做什么？什么对我才是最好的？"

在作决定时我们必须考虑，如果答应了对方的要求是否会影响既有的工作进度，而且会因为我们的拖延而影响到其他人？而如果答应了，是否真的可以达到对方要求的目标。

5. 沟通增效

沟通在提高工作效率中有着十分重要的作用，例如，工作中你可能会出现"手边的工作都已经做不完了，又丢给我一堆工作，实在是没道理"这样的抱怨，这时候如果你保持沉默，很可能会给老板留下办事不力的印象，所以，如果你的工作中出现这种情况，你切不可保持沉默，而应该主动沟通，清楚地向老板说明你的工作安排，主动提醒老板排定事情的优先级，并认真聆听老板的意见，这样可大幅减轻你的工作负担。

老板是需要被提醒的，在工作中，我们应该时刻提醒自己，与老板的沟通是否充分，我们有没有适当地反映真实情况？如果我们不说出来，老板就会以为有时间做这么多的事情。况且，他可能早就不记得之前已经交代给你太多的工作。

6. 过滤"次要信息"

高效能人士应当学会有效过滤次要信息，让自己的注意力集中在最重要的信息上。

工作中，我们经常会被铺天盖地的电子邮件搞得疲惫不堪，更可怕的是，它们常常会分散我们工作的注意力，为我们做正确的事带来很大的干扰，为此，我们应该学会如何有效过滤次要信息，将自己的注意力集中在最重要的信息上。一般来说，正确的过滤流程分为两个步骤：第一步是先看信件主旨和寄件人，如果没有让自己觉得今天非看不可的理由，就可以直接删除。这样至少可以删除50%的邮件；第二步开始迅速浏览余下的每封信件的内容，除非信件内容是有关近期内（如两星期内）

必须完成的工作，否则就可以直接删除。这样又可以再删除25%的信件。

7. 使用"优先表"

要事第一要求我们在工作中要善于发现决定工作效率的关键要事，在第一时间解决排在第一位的问题，在这个问题上，怎样确立时下最需要解决的问题就成了问题的关键和难点所在。著名的逻辑学家布莱克斯说过："把什么放在第一位，是人们最难懂得的。"

一个人在工作中常常难以避免被各种琐事、杂事所纠缠。有不少人由于没有掌握高效能的工作方法，而被这些事弄得筋疲力尽，心烦意乱，总是不能静下心来去做最该做的事，或者是被那些看似急迫的事所蒙蔽，根本就不知道哪些是最应该做的事，结果白白浪费了大好时光，致使工作效率不高，效能不显著。为此，每个人都应该有一个自己处理事情的优先表，列出自己一周之内急需解决的一些问题，并且根据优先表排出相应的工作进程，使自己的工作能够稳步高效地进行。

合理利用零碎时间

争取时间的唯一方法是善用时间。

高效能人士善于将零碎的时间有机地运用起来，从而最大限度地提高工作效率。比如在车上时、在等待时，可一边学习、思考或简短地计划下一个行动等等。充分利用零碎时间，短期内也许没有什么明显的感觉，但经年累月，将会有惊人的成效。

本杰明·富兰克林曾说过："世界上真不知有多少可以建功立

业的人，只因为把难得的时间轻轻放过而默默无闻。"

滴水成河。用"分"来计算时间的人，比用"时"来计算时间的人，时间多 59 倍。

美国近代诗人、小说家和出色的钢琴家艾里斯顿利用零散时间的方法和体会颇值得借鉴。他写道：

其时我大约只有 14 岁，年幼疏忽，对于爱德华先生那天告诉我的一个真理，未加注意，后来回想起来真是至理名言，从那以后我就得到了不可限量的益处。

爱德华是我的钢琴教师。有一天，他给我教课的时候，忽然问我：每天要练习多长时间钢琴？我说大约每天三四小时。

"你每次练习，时间都很长吗？是不是有个把钟头的时间？"

"我想这样才好。"

"不，不要这样！"他说，"你将来长大以后，每天不会有长时间的空闲的。你可以养成习惯，一有空闲就几分钟几分钟地练习。比如在你上学以前，或在午饭以后，或在工作的休息余闲，五分钟五分钟地去练习。把小的练习时间分散在一天里面，如此弹钢琴就成了你日常生活中的一部分了。"

在哥伦比亚大学教书的时候，我想兼从事创作。可是上课、看卷子、开会等事情把我白天、晚上的时间完全占满了。差不多有两个年头我一字不曾动笔，我的借口是没有时间。后来才想起了爱德华先生告诉我的话。到了下一个星期，我就把他的话实践起来。只要有五分钟左右的空闲时间，我就坐下来写作一百字或短短的几行。

出乎意料的是，在那个星期的终了，我竟积累了相当多的稿子。

后来我用同样积少成多的方法，创作长篇小说。我的教授工作虽一天繁重一天，但是每天仍有许多可以利用的短短余闲。我同时还练习钢琴，发现每天短短的间歇时间，足够我从事创作与弹琴两项工作。

利用短时间，其中有一个诀窍：你要把工作进行得迅速，如果只有五分钟的时间给你写作，你切不可把四分钟消磨在咬你的铅笔尾巴上。思想上事前要有所准备，到工作时间来临的时候，立刻把心神集中在工作上。实际上，迅速集中脑力，并不像一般人所想象的那样困难。

艾里斯顿的经历告诉我们，生活中有很多零散的时间是大可利用的，如果你能化零为整，那你的工作和生活将会更加轻松。

所谓零碎时间，是指不构成连续的时间或一个事务与另一事务衔接时的空余时间。这样的时间往往被人们毫不在乎地忽略过去。零碎时间虽短，但倘若一日、一月、一年地不断积累起来，其总和将是相当可观的。凡是在事业上有所成就的人，几乎都是能有效地利用零碎时间的人。

富兰克林在有效利用零碎时间方面堪称楷模，他曾说："我把整段时间称为'整匹布'，把点滴时间称为'零星布'，做衣服有整料固然好，整料不够就尽量把零星的用起来，天天二三十分钟，加起来，就能由短变长，派上大用场。"这是成功者的秘诀，也是我们学习借鉴的好方法。

伟大的生物学家达尔文也曾说："我从来不认为半小时是微不足道的一段时间。"诺贝尔奖获得者雷曼的体会更加具体，他说："每天不浪费、不虚度或不空抛剩余的那一点时间。即使只有五六分钟，如果利用起来，也一样可以有很大的成就。"把时间化零为整，精心使用，这正是古今中外很多科学家取得辉煌成就的奥妙之一，也是我们应该从他们身上学到的优点之一。

向竞争对手学习

欣赏、理解、包容自己的对手，看淡结果的得与失，那么你的心也会因着这份平和而充满宁静和宽容。这样一来，在面对竞争对手的时候，你也可以微笑着、气定神闲地迎接挑战：胜利了，赢得辉煌；失败了，同样也可以让你学到很多东西。

对于很多人来说，学习并不是什么难事。向书本学习、向朋友学习已经成为不少人的良好习惯。然而向竞争对手学习却并不是人人都能够做得到。一名知名的企业家曾经说过，"对手是一面镜子，可以照见自己的缺陷。如果没有了对手，缺陷也不会自动消失。对手，可以让你时刻提醒自己，没有最好，只有更好"。对于一名高效能人士来讲，培养向竞争对手学习的胸怀和习惯在当今显得尤为重要。如今资源共享、智慧共享已经成为现实和社会的发展趋势，我们只有顺应这样的潮流，虚心吸纳对手的长处，在学习中竞争，在合作中竞争，才能不断形成自己的优势，始终保持前进的动力。

　　20 世纪 60 年代，在美国兴起了众多的零售商店，经过 40 多年的争斗搏杀，沃尔玛从美国中部阿肯色州的本顿维尔小城崛起，最终发展成为年收入 2400 多亿美元、商店总数达 4000 多家的大企业，创造了一个企业界的神话。

　　沃尔玛的成功得益于其创始人沃尔顿先生积极向竞争对手学习的习惯。沃尔玛的竞争对手斯特林商店开始采用金属货架代替木制货架后，沃尔顿先生立刻请人制作了更漂亮的金属货架，并成为全美第一家百分之百使用金属货架的杂货店。

　　沃尔玛的另一竞争对手富兰克特特许经营店实施自助销售时，沃尔顿先生连夜乘长途汽车到该店所在地明尼苏达州去考察，回来后开设了自助销售店，当时是全美第三家。

　　与沃尔顿先生一样，李嘉诚先生也是一名积极向竞争对手学习的人。李先生是国内外知名的企业家，曾被评为亚洲最有影响力的人。他的和记黄埔集团是全球港口业最大的经营商，业务遍及 41 个国家。一般人只知道李先生是一个能够在商场中纵横自如的超级富豪，然而很少人知道李嘉诚事业的转折点竟是从做塑胶花开始的。

　　1957 年春天，李嘉诚为了了解塑胶花产品的生产工艺，

登上飞往意大利的班机去考察。

他在一家小旅社安下身，就迫不及待地去寻访那家在世界上开风气之先的塑胶公司的地址，经过两天的奔波，李嘉诚风尘仆仆地来到该公司门口，但如何获取该公司的技术还是一大难题。

他知道任何一个厂家对于新产品的技术都是严格保密的。也许可以名正言顺购买技术专利，然而，这样做可行性很小。一来，长江厂小本经营，绝对付不起昂贵的专利费；二来，厂家绝不会轻易出卖专利，它往往要在充分占领市场，赚得盆满钵溢，直到准备淘汰这项技术时方肯出手。

情急之中，李嘉诚想到一个绝妙的办法。这家公司的塑胶厂招聘工人，他去报了名，被派往车间做打杂的工人。李嘉诚的主要工作是负责清除废品废料，他推着小车在厂区各个工段来回走动，双眼却恨不得把生产流程吞下去。李嘉诚收工后，急忙赶回旅店，把观察到的一切记录在笔记本上。

整个生产流程都熟悉了。可是，属于保密的技术环节还是不得而知。有一天，李嘉诚邀请数位新结识的朋友，到城里的中国餐馆吃饭，这些朋友都是某一工序的技术工人。李嘉诚用英语向他们请教有关技术，佯称他打算到其他的厂应聘技术工人。李嘉诚通过眼观耳听，大致悟出塑胶花制作配色的技术要领。

几个月后，李嘉诚满载而归。随机到达的还有几大箱塑胶花样品和资料。临行前，塑胶花已推向市场，李嘉诚跑了好多家花店，了解销售情况。他发现绣球花最畅销，立即买下好些绣球花做样品。

李嘉诚回到长江塑胶厂不动声色地把几个部门负责人和技术骨干召集到办公室，他宣布，长江厂将以塑胶花为主攻方向，一定要使其成为本厂的拳头产品，使长江厂更上一层楼。

李嘉诚在香港先人一步研制出塑胶花，填补了香港市场的空白。按理说，物以稀为贵，卖高价在情理之中。但是李嘉诚明察秋毫，他认为塑胶花工艺并不复杂，因此，长江厂的塑胶花一面市，其他塑胶厂势必会在极短时间内跟着模仿上市。倒不如在人无我有、独家推出的极短的第一时间，以适中的价位迅速抢占香港的所有塑胶花市场，一举打响长江厂的旗号，掀起新的消费热潮。卖得快，必产得多，"以销促产"，比"居奇为贵"更符合商界的游戏规则。这样，即使其他厂家迅速跟进，长江厂也早已站稳了脚跟，而长江厂的塑胶花也深深植入了消费者心中。

李嘉诚走"物美价廉"的销售路线，大部分经销商都非常爽快地按李嘉诚的报价签订供销合约。有的为了买断权益，主动提出预付50%订金。

李嘉诚掀起了香港消费新潮流，长江塑胶厂由默默无闻的小厂一下子蜚声香港塑胶界。

李嘉诚的成功固然与他独到的眼光和富有前瞻性的决策分不开，但是如果他不积极向竞争对手学习，他也不可能取得那么骄人的成就的。

责任重于一切

生存意味着责任。每个人都有自己的责任和使命，责任是一个人的立身之本，责任可以保证一个人的工作绩效和生活质量。

我们在工作和生活中常常发现，只有那些能够勇于承担责任的人，才能赢得老板的赏识，才有可能被赋予更多的使命，才有资格获得更大的荣誉。一个缺乏责任感的人，或者一个不负责任的人，首先失去的是社会对他的基本认可，其次失去了别人对他的信任与尊重，甚至也失去了他的立命之本——信誉和尊严。

社会学家戴维斯说："放弃了自己对社会的责任，就意味着放弃了自身在这个社会中更好生存的机会。"

责任是一种生存的法则。无论对于人类还是对于动物界，这都是一条不变的法则。

有这样的一个故事：

动物园里有三只狼，是一家三口。这三只狼一直是由动物园饲养的。为了恢复狼的野性，动物园决定将它们送到森林里，任其自然生长。首先被放回的是那只身体强壮的狼父亲，动物园的管理员认为，它的生存能力应该比其他两只强一些。

过了些日子，动物园的管理员发现，狼父亲经常徘徊在动物园附近，而且看起来很饿，无精打采。但是，动物园并没有收留它，而是将幼狼放了出去。

幼狼被放出去之后，动物园的管理者发现，狼父亲很少回来了。偶尔带着幼狼回来几次，它的身体好像比以前强壮多了，幼狼也没有挨饿的样子。看来，公狼把幼狼照顾得很好，而且自己过得也很好。为了照顾幼狼，狼父亲必须得捕到食物，否则，幼狼就会挨饿。管理员决定把剩下的那只母狼也放出去。

这只母狼被放出去之后，这三只狼再也没有回来过。动物园的管理员想，这一家三口看来是在森林里生活得不错。后来，管理员解释了这三只狼为什么能重返大自然生活。

"公狼有照顾幼狼的责任，尽管这是一种本能，正是这种责任让它俩生活得好一些。母狼被放出去后，公狼和母狼共同有照顾幼狼的责任，而且公狼和母狼还需要互相照顾。这三只狼互相照顾，才能重回自然，重新开始生活。"

由此可见，责任是生存的基础，无论是动物还是人。

只做适合自己的事

很多的成功人士都有这样的经历：从早先的工作中解脱出来去做适合自己的事而取得了更大的成就。

例如，福勒制刷公司的创办人阿尔佛·雷德就是一个典型的例子。阿尔福·雷德出身于穷苦的农场家庭，工作似乎与他无缘，两年中他虽然努力认真，却失去了三份工作。而自从接触了制刷这一行后，他才发现他是多么不喜欢以前的那几份工作，而那些工作对他来说又是多么不合适。

刚开始，雷德销售刷子，就有一个感觉：他会把这个销售工作做得出色。因为他喜爱这个工作，所以他把自己所有思想集中于从事世界上最好的销售工作。

雷德成了一个成功的销售员。他又立下自己的目标：创办自己的公司。这个目标十分适合他的个性。他停止了为别人销售刷子，这时候他比过去任何时候都高兴。

他在晚上制造自己的刷子，第二天又把刷子卖出去。销售额开始上升时，他租了一栋旧房子，雇用一名助手为他制造刷子，他本人则专注于销售。

这个曾经失去三份工作的人，最终成立了自己的福勒制刷公司，并拥有几千名员工和数百万美元的年收入。

拿破仑·希尔认为，你的工作选择如果很对自己的兴趣，那么你就很容易获得成功。因为从某种意义上来说，一个人特别感兴趣的工作就是适合他自己的工作。

许多年前，莱斯曾在一家大公司工作，担任地区副总裁的行政助理。

公司里大多数职员平日都是一副西装笔挺的富有人士形象，只有意大利人汤姆例外，他好像从来都不修边幅。汤姆看上去总是像刚从码头上干完活儿回来的。

要不是亲眼看见他摆弄公司里的电脑，你肯定认为他是在加油站或快餐店上班，是那种靠通俗歌曲和啤酒打发日子的家伙。

汤姆也认为自己属于那种其貌不扬的精英类型，尽管他与其他职员穿着一样的蓝条纹制服（现在大公司一般都规定着装），可看上去就是不像样子，但汤姆所具有的洞察力却是莱斯所少见的。

有一次，他突然对莱斯说："你不该待在这儿。你跟这儿格格不入。"

"你这是什么意思？"莱斯问，虽然有点生气，但他的话却引起了莱斯极大的兴趣。

"你懂我的意思，"汤姆边点雪茄边说，"你有开拓能力，你喜欢与人打交道，为何非在这鬼地方浪费你的时间和天才，整天写什么部门材料、预算报告？"

莱斯永远忘不了汤姆这些富有见地的话，正是这些话使莱斯清醒过来。

从那时起，莱斯的心里就不断重复着这样的

77

想法：我正在不属于自己的位置上从事着不适合自己的工作。

后来，莱斯按汤姆的建议辞去了工作，开始做些更有意义的尝试。

从那家公司出来以后，莱斯创办了自己的公司。

现在，莱斯拥有许多过去无法想象的商业机会，经济上更为成功。此外，莱斯经常在广播和电视节目中露面。

如果莱斯还在那家公司做职员的话，这一切都是无法想象的。

同样，一个人要成为一名高效能人士，首先要像莱斯和雷德一样，找到适合自己的事，并全力以赴地做好它，只有这样，才能在事业上取得突出的成就。

注重准备工作

准备是一切工作的前提。只有充分准备才能保证工作得以完成，而且做起来更容易。一个人要想成功，最好养成提前做好准备的好习惯。

拿破仑·希尔说过，一个善于做准备的人，是距离成功最近的人。一个缺乏准备的人一定是一个差错不断的人，纵然有超强的能力、千载难逢的机会，也不能保证获得成功，这样的人自然无法成为一名高效能人士。

机会对每个人来说都是公平的，但它更垂青于有准备的人。因为机会的资源是有限的，给一个没有准备的人是在浪费资源，而给一个准备工作做得非常好的人则是在合理利用资源和增加资源。

阿尔伯特·哈伯德说过，一个缺乏准备的人一定是一个差错不断的人，因为没有准备的行动只能使一切陷入无序，最终面临失败的局面。

飞人迈克尔·乔丹是美国篮坛有史以来最顶尖的球员，被称为篮球之神。他具备所有成为篮球王的特质和条件，他打任何一场篮球比赛，胜算都是很高的。但是，他在参加任何一场重要的赛事之前，都会积极准备，练习投篮，练习基本动作。他是球队练习最刻苦的人，他是准备工作做得最充分的人。

重量级拳王吉尼·吐尼一生获得过无数的荣誉，也面对过无数个强敌。有一回他要和杰克·丹塞对决，杰克·丹塞是个强劲的对手。他知道如果被丹塞击中，一定会伤得很重，一个受重伤的拳击手短时间内是很难反败为胜的。于是，他开始做准备工作，他要加紧训练，他最重要的训练项目就是后退跑步。

一场著名的拳赛过后，证明吐尼的策略是对的。第一回合吐尼被击倒之后，然后爬起来，尽量后退以避开对手，直拖到第一回合终了。等到第二回合，他的神志和体力都充分恢复之后，他奋力把丹塞击倒在地，获得了最后的胜利。

吐尼的胜利归功于他在事前做了最坏的打算。在实际生活中，我们每天都在面对各式各样的困难，既然我们不能预知我们的际遇，我们只好调整自己的心态，随时准备好去应付最坏的状况。

机会来自充分的准备

良好的机会都要主动地去创造，如果你天真地相信好机会在别的地方等着你，或者会自动找上门来，那么你是极其愚昧的，也注定会走向失败。

提到可口可乐，你自然就会想到它那设计独特的瓶子，看着优美，拿着舒服，但你一定不知道这种瓶子是谁发明的吧？

这种瓶子是几十年前一位叫鲁特的美国年轻人设计发明的。鲁特当时只是一名普通的工厂制瓶工人，他常常和自己心爱的女友约会。

一次他与女友约会时，发现她穿着的裙子十分优美，因为裙子膝盖上部分较窄，腰部就显得更有吸引力了，他看呆了。他想，如果能把玻璃瓶设计成女友裙子那样，一定会大受欢迎。

鲁特并不只是想想罢了，他开始动手设计制作这样的瓶子。于是，他经过反复试验和改进，终于制成了一种造型独特的瓶子：握在瓶颈上时，没有滑落的感觉；瓶子里面装满液体，看起来也比实际的分量多，而且外观别致优美。

他相信这样的瓶子会很有市场，于是为此申请了设计专利。果然，当时可口可乐公司恰好看中他设计出来的瓶子，以 600 万美金买下了瓶子的专利。鲁特也因此从一个穷工人摇身一变成了一位百万富翁。

鲁特并不是设计专家，他只是一位干着繁重工作的工人，要想成功，他必须做好抓住机会的准备。或许他可以只是随便想想女友的美妙身材，而不用真的去投入设计和制作那种瓶子，如果那样的话，他就没有机会被可口可乐公司看中。总之，成功总是眷顾像鲁特一样有准备的人。

准备赢得高效

现实生活中，做事高效的人往往是那些准备工作做得十分充分的人。阿尔伯特·哈伯德有一个富足的家庭，但他还是想创立自己的事业，因此他很早就开始了有意识的准备。他明白像他这样的年轻人，最缺乏的是知识和必备的经验。因而，他有选择地学习一些相关的专业知识，充分利用时间，甚至在外出工作时，他也总会带上一本书，在等候电车时一边看一边背诵。他一直保持着这个习惯，这使他受益匪浅。后来，他有机会进入哈佛大学，开始了一些系统理论课程的学习。

阿尔伯特·哈伯德对欧洲市场做了一番详细的考察，随后，他开始积极筹备自己的出版社。他请教了专门的咨询公司，调研了出版市场，尤其从从事出版行业的普兰特先生那里得到了许多积极的建议。这样，一家新的出版社——罗依科罗斯特出版社诞生了。由于事先的准备工作做得充分，出版社经营得十分出色。他不断将自己的体验和见闻整理成书出版，名誉与金钱相继滚滚而来。

阿尔伯特并没有就此满足，他敏锐地观察到，他所在的纽约州东奥罗拉，当时已经渐渐成为人们度假旅游的最佳选择之一，但这里的旅馆业却非常不发达。这是一个很好的商机，阿尔伯特没有放弃这个机会。他抽出时间亲自在市中心周围做了两个月的调研，了解市场的行情，考察周围的环境和交通。他甚至亲自人住一家当地经营得非常出色的旅馆，去研究其经营的独到之处。后来，他成功地从别人手中接手了一家旅馆，并对其进行了彻底的改造和装潢。

在旅馆装修时，他根据自己的调研，接触了许多游客。他了解游客们的喜好、收入水平、消费观念，更注意到这些游客正是因为对于繁忙工作的厌倦，才在假期来这里放松的，他们需要更简单的生活。因此，他让工人制作了一种简单的直线型家具。这个创意一经推出，很快受到人们的关注，游客们非常喜欢这种家具。他再一次抓住了这个机遇，一个家具制造厂诞生了。家具公司蒸蒸日上，也证明了他准备工作的成效。同时他的出版社还出版了《菲利士人》和《兄弟》两份月刊，其影响力在《致加西亚的信》一书出版后达到顶峰。

我们可以看到，阿尔伯特的成功是建立在充分的准备基础上的，充分的准备使他在面临机遇时能够果断出击，从而成就了他事业的辉煌。

阿尔伯特深深地体会到，准备是执行力的前提，是工作效率的基础。因此，他不但自己在做任何决策前都认真准备，还把这种好习惯灌输给他的员工。值得庆幸的是，不久之后，"你准备好了吗"已经成为他们公司全体员工的口头禅。成功地形成了"准备第一"的企业文化。在这样的文化氛围中，公司的执行力得到了极大的提升，工作效率自然更不用说。

同样，如果我们要提高自己的工作效率，成为一名职场中的高效能人士，就应当像阿尔伯特·哈伯德一样，在行动之前做好充分的准备工作。

善于授权

通用电气前 CEO 杰克·韦尔奇认为，一个杰出的高效能经理人必须做到的一点就是善于授权。著名的管理大师史蒂芬·柯维认为，做不到合理授权是现代多数中层经理工作效能低下的主要原因。柯维博士认为：现代社会许多大小公司的老板、部门主管早已被信息、邮件、文件、会议掩盖得透不过气来。几乎任何一项请求报告都需要他审阅，予以批示，签字画押，他们为此经常被搞得头昏眼花，根本无法对公司重大决策做出思考，在董事会议上，他们很可能是最为无精打采的一类人。

柯维博士认为，工作效率不高就是因为被一些琐碎的事拖住了后腿。查尔斯就是曾向柯维博士咨询过的一位老板。

查尔斯是纽约一家电气分公司的经理。他每天都应付上百份的文件，这还不包括临时得到的诸如海外传真送来的最新商业信息。他经常抱怨说自己要再多一双手，再有一个脑袋就好了。他已明显地感到疲于应付，并曾考虑增添助手来帮助自己。可他终于及时刹住了自己的一时冲动，这样做的结果只会让自己的办公桌上多一份报告。公司人人都知道权力掌握在他的手里，每个人都在等着他下达正式指令。查尔斯每天走进办公大楼的时候，就被等在电梯口的职员团团围住，等走进自己的办公室，已是满头大汗。

实际上，查尔斯自己给自己制造了许多麻烦。自己既然是公司的最高负责人，那自己的职责就应限于有关公司全局的工作，下属各部门本来就应各司其职，以便给他留出足够的时间去考虑公司的发展、年度财政规划、在董事会上的报告、人员的聘任和调动……举重若轻才是管理者正确的工作方式；举轻若重只会让自己越陷越深，把自己的时间和精力浪费在许多毫无价值的决定上面。这样的领导方式，根本无法带动并且推动公司的发展，无法争取年度计划的实现。

查尔斯有一天终于忍受不住了，他终于醒悟过来。他把所有的人关在电梯外面和自己的办公室外面，把所有无意义的文件抛出窗外。他让他的下属自己拿主意，不要再来烦他。他给秘书做了硬性规定，所有递交上来的报告必须筛选后再送交，不能超过十份。刚开始，秘书和所有的下属都不习惯。他们已养成了奉命行事的习惯，而今却要自己对许多事拿主意，真的有点不知所措。但这种情况没有持续多久，公司开始有条不紊地运转起来，下属的决定是那样及时和准确无误，公司没有出现差错。相反地，以往经常性的加班现在取消了，工作效率因真正各司其职而大幅度提高了。查尔斯有了读小说、看报、喝咖啡、进健身房的时间，他感到惬意极了。他现在才真正体会到自己是公司的经理，而不是凡事包揽的老妈子了。

杰克·韦尔奇是简单式效率型管理的倡导者。他认为高度的集权式管理只会让公司的运行减慢。查尔斯以前的领导方式，就是受到了传统集权式管理的负面影响。公司大小权力都集中到自己一个人身上，难怪职员们凡事都要先请示而后行动，主动出击在原则上就是越权，搞不好会弄丢自己的饭碗，谁愿冒这个险？

所幸，查尔斯意识到授权在管理中的重要性，他开始下放自己手中的大部分权力给各主管以及每一个员工，让他们有机会发挥自己的优势，有权力决定自己怎样做才能做得更好，不必千篇一律。授权的结果就是要让下属全都行动起来，充分利用自己手中的权力，完成自己的工作，使之更趋完美。一名高效能人士是不会因为授权而动摇自己的地位的，相反他会通过授权使自己的工作趋于完美。

第四章

社交习惯：
所谓的八面玲珑，其实都是习惯使然

及时化解人际关系矛盾

人际交往是高效能人士必备的一项技能。处理好人际交往过程中出现的人际关系难题是维持良好人际交往的关键。

著名社会专家戴维博士说过，我们一来到这个世界，便坠入了错综复杂的社会关系网络中，扮演着不同的角色。在家中，你是子女，又是父母；在企业，你是下属，又是上级；在社会，你是小辈，又是长辈；在交往中有熟悉的，也有不熟悉的。在这张巨大的网上，你个人就像是一个关节点，从个人出发，像水纹一样，形成一圈圈以个人为中心的人际关系网。

有人的地方，就会有问题出现，这在我们的工作和生活中十分常见。卡耐基先生曾形象地指出，在现代人的工作中，误解、矛盾等人际"顽疾"像企业出现财务危机、破产等种种问题一样，是不可避免的。一位办公室政治专栏作家曾一针见血地说："办公室政治这场游戏，要是你不愿上场，那就不要抱怨升职无期，薪金原地踏步，人家对你视若无睹，甚至职位被裁掉。"由此可见，在工作中，我们会不可避免地卷入公司的人际圈里，不可避免地要接受一些情愿或者不情愿的东西，对于此，逃避是无法解决问题的，唯一的办法就是主动行事，通过自己的行为和态度积极地去改良自己的人际关系，为自己的工作奠定良好的基础。

一个人能否成为高效能人士不仅取决于其本职工作的完成质量，更大程度上取决于其人际关系处理得成功与否。尽管在为人处世中存在着许多技巧，并且包括非常复杂的心理因素和行为因素，但并不是高深莫测。成功处世必有其原则和方法，只要我们积极面对，必能达到轻松处世、人际关系和谐的境地。你也必定能够成为一个在工作和人际中相得益彰的高效能人士。

与人交往是一种艺术，如果你曾为办公室人际关系的难题而苦恼，无法忍受主管的反复无常，看不惯主管的假公济私，那么你一定要尝试学习如何与不同的人相处，提高自己化解人际矛盾的能力。交际中虽然需要很多的理念做指导，但它更大程度上是一种实践活动，就像音乐、美术一样，需要大量实践，需要不断地补充经验才能真正掌握其要领。下面着重讲一下我们在日常工作和生活中应当掌握的人际技巧，帮助你成为一个轻松化解人际矛盾的高效能人士。

注重完善自己的人际关系网

成功在很大程度上取决于你有多大的影响力，与恰当的人建立稳固关系至关重要。这里恰当的人并不是那些神通广大、见解不凡的人，而是能够在工作中给你实际帮助的人。这是构建高效人际网络的关键。因此，要想获得更大成功，就需要培养多与人交往的良好习惯，不断提升自己的人际交往能力。

人际交往能力在一个人的成功中扮演着重要的角色。成功学专家拿破仑·希尔曾对一些成功人士做过专门的调查。结果发现，大家认同的杰出人物，其核心能力并不是他的专业优势，相反，出色的人际策略才是他们成功的关键。这些人会多花时间与那些在关键时刻可能有帮助的人培养良好的关系，在面临问题或危机时便容易化险为夷。

人际关系决定你的竞争力

美伦矿业公司是一家美国跨国公司和加拿大的一家采矿公司合资成立的跨国集团，当约翰·贝勒刚刚接受合资公司经理职位的时候，公司正处于非常困难的时刻。加拿大的采矿公司内部丑闻不断，正面临着一场严重的财务危机，以至于差点由银行出面接管。合作的另一方，则刚刚更换了最高主管。加拿大的采矿公司曾向欧洲的公司许诺，将在欧洲进行长期投资，如今由于自己资金吃紧，竟然出尔反尔。合资公司于是陷入骑虎难下的困境：双方都不愿让步，合资项目停滞不前，合资双方的关系严重恶化。对新上任的合资公司经理约翰来说，真是一场空前的考验和挑战。而且约翰的前任莱恩是一个营销专家，在石油的零售方面有很强的专业技能，但由于缺乏对人际关系的理解和驾驭，只重生意，根本应付不了这些突然的变化。这对约翰是一个很好的教训。

约翰是个英国人，生于南非，长在印度，曾做过美洲某大型跨国公司的财务经理，拥有让人羡慕的资历。在上任之前，他是该跨国联盟公司在亚洲的负责人。他的背景和经历使得他在公司的财务方面站稳了脚跟。他曾在东亚某个政局不稳、市场多变的小国家，从事市场营销工作，这不仅使他的能力得以充分施展，而且为他提供了绝佳的锻炼才能和积累经验的机会。他对大量不同的文化和知识兼收并蓄，游历过很多地方，掌握多种语言。这些经历使得他在人际关系沟通方面具备了超群的技能。正是由于他能够在非常广泛的层面上与对方的母公司、自己的母公司和合资公司沟通和交流，并获得对方的信任，从而可以参与更广的战略规划和具体执行。约翰能够主动接触别人，积极结识其他公司的职员，自己活跃在某个专业领域，并从中获益。在合资公司内，他与组织的上级、同级、下属都保持良好的人际关系。因此在公司内外建立起良好的人际关系网。凭借良好的人际关系网，即使新官上任，他也能很容易获取需要的信息和帮助。

在这个国际合资企业中，约翰具备最重要的素质之一就是应变能力，了解在不同的文化背景中的社交礼仪，能够对所接收到的信息做出正确反应，从而拉近彼此的文化距离，具备了游刃有余的交流功夫。比如，他的谈话风格会随着谈话伙伴的背景而变化。说起西班牙或拉丁文化时，他会感情奔放并活灵活现，双眼闪闪发亮，面部表情非常丰富。而当他和日本同行交流时，很少直视对方，话语中多了几分娴静，表现得相当沉默。正是由于超人的沟通力，约翰构建起自己的人际网，从而带领合资公司走出了困境，日渐兴旺。

通过上面的例子我们可以看出，人际沟通对一个合资企业的经理来说，是一项很重要的品质。另外，人际关系常常也是合作者之间互相联结的一个重要纽带。A公司和B公司曾经共同组建了一个合资企业。丹尼来自A公司，科特来自B公司。两人认识的时间超过了30年，彼此是生意场上的朋友。他们共同经历了生意场上的起起落落。丹尼去世后，科特第一次到美国时，在机场的第一个要求就是去看丹尼。他在墓边停留了20分钟，用日语对科特说话，A公司的经理们很快就意识到，他不仅是致悼词，而是在和丹尼亲切交谈，告知丹尼在他去世后发生的事情。尽管丹尼已成故人，但两家公司的联盟依然稳固如初。

主动交际

广泛而主动的交往是完善自己人际关系网络的关键。朋友的一句话、一个提醒、一个信息、一个关心或一个小小的帮助，也许是在不经意间，就可以为我们提供难得的机遇或灵感。每一个伟大的成功者背后都有另外的成功者，每一个成功者都会精心编织一个成功的人际网。对于一名高效能人士而言，主动交际是打造良好人际关系网的关键。

许多人对主动交往有误解。比如，有的人会认为"先同人打招呼，显得自己低贱"，"我这样麻烦别人，人家肯定会烦的"，"他又不认识我，怎么会帮我忙呢"，等等。其实这些都是误解，正是由于这些错误的观念影响和阻碍了人们在交往中采取主动的方式，从而失去了很多结识别人、发展友谊的机会。高效能人士大多从主动交往开始，也大多拥有一个良好的社会关系网。这个网络由各种不同的朋友组成。有过去的知己，有近期的新交；有男的，有女的；有前辈，也有同辈或晚辈；有地位高的，也有地位低的；有不同行业的，有不同特长、不同地方的……这是一个全面的关系网。当然，你要根据他们的不同需要为他们提供不同的帮助。这才是关系网应当具有的特征。积极主动是建立这张关系网的第一步。要做到主动与人交往，我们可以从以下几点做起：

人际交往中，应该养成积极主动的习惯，一有机会就主动把自己介绍给别人，任何地方都可以这样做，例如，在晚会上、飞机上。

（1）主动交换名片，让对方知道自己的名字。

（2）主动询问对方的姓名、职位、生活以及工作单位。

（3）准确记住对方的姓名及职位，在谈话中，别忘记称呼对方职位。

（4）如果想进一步与新朋友加深交往，你可以给他们打个电话或登门拜访。

主动交往能建立关系网，但主动维护这张关系网更为重要，做好关系网的维护我们要做到以下几点：

1. 主动联络

建立"关系"最基本的原则就是：不要与别人失去联络。不要等到有麻烦时才想到别人。"关系"就像一把刀，常常磨才不会生锈。若半年以上不联系，就很容易生疏，所以主动联系显得十分重要。试着经常打电话，有空的时候发一个 e-mail，休闲的时候发一则问候的短信，或者联上 QQ、微信聊上几句都是简单有效的方法。

2. 感情贵在交流

我们很多人可能都有这样的经验：有一天突然发生一点点小困难，想请某人帮忙解决，可一想，过去许多时候，本来应该去看他的，结果都没有去，现在有求于人去找他，会显得唐突，最终你的小困难也就很难向别人启齿了。法国有一本《小政治家必备》的书，书中教导那些有心在仕途上有所作为的人，必须起码搜集 20 个将来最有可能做总统的人的资料，并把它背熟，然后有规律地按时去拜访这些人，和他们保持良好的关系。这样，当这些人中的任何一个当了总统后，自然就容易记起你来，大有可能请你担任某个职位。

这种手法看起来有点势利却非常合乎现实。一位政治家在回忆录中提道：一个被委任组阁的人，除了考虑被选人的才能和经验外，最要紧的一点，就是"能否和自己默契配合工作"。其实在我们日常生活中也是如此，如果有什么所谓的好处，首先想到的一般都是比较熟的人、比较了解的人。现代生活忙忙碌碌，但千万别忘了情感的沟通和感情的投资。"感情投资"是经常性的，应处处留心，Ω 地呵护。

3. 互利互重

现代交际学者们认为，"互利互重"是创造优质人际关系的不二法门。当您的人际运作顺畅，许多问题便迎刃而解，不论什么领域，人脉的广度是必要条件，而深度则视情况而定。

工作中的人际拓展与维持，简单地说就是四个字"攀亲带故"，尽可能地运用倍增法则，从既有的人际网络中创造新的人际面，举个最简单的例子：您认识 A 客户，找个机会做东，请 A 客户约几个朋友出来聚聚，您就有机会自 A 的人脉中发展出 B、C、D、E……生活中的人际各有不同，必须做好不同朋友的分类，做好协调。

在人际关系的维系与持续上，最重要的观念应该是"互利互重"。所谓互利是谁也不要存有占人便宜的心态，适度地花点钱送份小礼或聚餐，要抱着互利互惠的原则。而互重则是尊重身边每一个不起眼的小角色，抱着长远的眼光看问题，今天结下的小善缘，很可能为以后的发展提供关键帮助。

重视人际接触点

要建立属于自己的人际网络，我们必须注意找出人际网的结点，即我们生活、工作中的人际接触点。每种职业都有它重要的人际接触点。

例如，你的上级、你的值得信赖的顾问、你的重要客户、你的出色的下级、你的信息的来源，他们都是你的重要接触点。我们一般都能认清谁是我们明显的接触点，但有时我们也不免会忽略一些不明显的接触点。如果真的忽略了，那将是一个极大的错误。同样重要的是，自己虽然已经建立了重要的接触点，却忽视了彼此的关系，或者说忽视了与他们保持不断的、直接的和亲自的联系。因为有时我们已将注意力转移到更加紧急的事情上了。这就是说，你误认为你一旦点燃了火种，便可以不必再添柴而能使它永不熄灭了。

工作中的人际接触点主要分为两类：一种是保持现状的接触点，指可以帮助你保持你现在的良好状况，而不失去力量或优势的那些人；另一种是改进情势的接触点，指那些能帮助你进一步发展的接触点。例如，对一位厂长或经理而言，保持现状的接触点是他的上级组织或领导，改进情势的接触点是指有横向联系的其他单位的领导。

对业务员而言，保持现状的接触点是指忠实的客户，改进情势的接触点是指已经努力争取了很长时间的新客户。对中层管理者而言，保持现状的接触点是指他的直接领导；改进情势的接触点是指虽偶然相识，但能给他提供一个进一步发挥才干和担任较重要工作的人。你的重要接触点，不管看起来如何牢固，都不必期望长久保持。只有极少数的重要接触点，可以长久保持。

你今天依赖的人，也许明天就不存在了。也许是他们的情况变化了，也许是你的情况变化了，也许是你们彼此的关系改变了。衡量一种关系的好坏，其方法之一，就是看维持这种关系需要多少妥协。凡属人际关系的维持，都不免需要妥协。其中需要最少妥协的关系，就是最好的关系。你得盘算一下，为了保持某一重要接触点，你愿付出多大代价。如果需要太多妥协，或太大代价，那还不如另觅他途！

在建立人际网络的时候，我们需要一套直接的、亲自的和持续的接触准则。

1. 直接的接触

就是指不用任何中间人的接触。在事业上，有些事情你可以授权他人，但有些事你就不能授权。与你的重要接触点保持联系，正是你不能授权他人的一项。亲自去接触吧！

2. 亲自的接触

就是指手握手的接触、面对面的接触。只要适当，即使亲密无间亦无不可。打电话也未尝不可，但面对面更佳。

3. 持续的接触

眼对眼的接触就是指稳定的、持久的、不终止的接触。与持续的接触相对的，是一曝十寒或偶尔为之的接触。请你记住：忽略了你的重要接触点，实际上就等于浪费你的金钱，也等于浪费你的时间。

合适的才是最好的

成功在很大程度上取决于你有多大的影响力，与恰当的人建立稳固关系对此至为关键。这里恰当的人并不是那些神通广大，见解不凡的人，而是能够在工作中给你实际帮助的人。这是构建高效人际网络的关键。

人的精力是有限的，我们不求关系网怎么大，但求要好、要精。织就一张好的关系网，可采用下列步骤：

（1）筛选：就像打扑克的"埋底牌"，把有用的留在手上，无用的埋掉。我们可以采用把有直接关系、间接关系或没有关系的分别记录。

（2）排队：就像打扑克的"理牌"，对认识的人进行分析，分清哪些是重要的，哪些是比较重要的，哪些是次要的，根据自己的需要排队。由此可以根据不同的级别进行有重点的维系和呵护。

（3）对关系进行分类：生活中涉及的关系可能是方方面面的。有的关系可以帮你办理相关手续，有的能帮你出谋划策，而有的则能提供信息。虽然作用不同，但都有作用。

（4）随时调整：世界上的一切事物，都处于不断地运动、变化和发展之中，人际关系也是如此。需要不断检查、修补和调整，尤其是针对个人的发展、环境的变化或关系网人员的情况进行及时地调整，构筑最新、最有效的关系网。

拒绝领导不要让他难堪

领导委托你做某事时，你要善加考虑，这件事自己是否能胜任？是否不违背自己的良心？然后再做决定。

如果只是为了一时的情面，即使是无法做到的事也接受下来，这种人的心似乎太软。纵使是很照顾你的领导委托你办事，但自觉实在是做不到，你也应该很明确地表明态度，说："对不起！我不能接受。"这才是真正有勇气的人，否则你就会误大事。

如果你认为这是领导拜托你的事不便拒绝，或因拒绝了领导

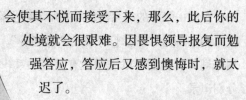

会使其不悦而接受下来，那么，此后你的处境就会很艰难。因畏惧领导报复而勉强答应，答应后又感到懊悔时，就太迟了。

领导所说的话有违道理，你可以果断拒绝，这才是保护自己之道。假使领导欲强迫你接受无理的难题，这种领导便不可靠，你更不能接受。

尽管部下隶属于领导，但部下也有独立的人格，不能什么事不分善恶是非都服从。倘若你的领导以往曾帮过你很多忙，而今他要委托你做无理或不恰当的事，你更应该断然拒绝，这对领导来说是好的，对自己也是负责的。

当然，拒绝领导的要求不是一件容易的事。谁都不愿因此得罪领导，因为领导有可能掌握你一生的前程。然而，若你知道一些拒绝领导的技巧，就能两全其美，既不得罪领导，又可以表明拒绝之意。要强调的是，这些技巧仅限于那些领导的不合理要求。

当领导提出一件让你难以做到的事时，如果你直言答复做不到，可能会让领导有损颜面，这时，你不妨说出一件与此类似的事情，让领导自觉问题的难度大而自动放弃这个要求。

甘罗的爷爷是秦国的宰相。有一天，甘罗看见爷爷在后花园走来走去，不停地唉声叹气。

"爷爷，您碰到什么难事了？"甘罗问。

"唉，孩子呀，大王不知听了谁的教唆，硬要吃公鸡下的蛋，命令满朝文武想法去找，要是三天内找不到，大家都得受罚。"

"秦王太不讲理了。"甘罗气呼呼地说。他眼睛一眨，想了个主意，说："爷爷您别急，我有办法，明天我替您上朝好了。"

第二天早上，甘罗真的替爷爷上朝了。他不慌不忙地走进宫殿，向秦王施礼。

秦王很不高兴，说："小娃娃到这里捣什么乱！你爷爷呢？"

甘罗说："大王，我爷爷今天来不了啦，他正在家生孩子呢，托我替他上朝来了。"

秦王听了哈哈大笑："你这孩子，怎么胡言乱语！男人家哪能生孩子呢？"

甘罗说："既然大王知道男人不能生孩子，那公鸡怎么能下蛋呢？"

甘罗的爷爷作为秦国的宰相，遇到皇帝提出的不可能做到的要求，却又找不到合适的办法拒绝。甘罗作为一个孩童，能如此得体地拒绝秦王，并让秦王不得不放弃自己的无理请求，实在是大出人们的意料。也正因为如此，秦王才有"孺子之智，大于其身"的叹服。以后，秦王又封甘罗为上卿。现在我们俗传甘罗十二岁为丞相，童年便取高位，不能不说正是甘罗的那次智慧的拒绝，才使秦王越来越看重他的。

当上司要求你做违法或违背良心的事时，平静地解释你对他的要求感到不安，你也可以坚定地对上司说："你可以解雇我，也可以放弃要求，因为我不能泄漏这些资料。"如果你幸运，老板会自知理亏并知难而退；反之，你可能授人以柄。假若你不能坚持自身的价值观，不能坚持一定的准则，那只会迷失自己，最终会影响工作的成绩，以致断送自己的前程。

当上司器重你并将你连升两级，但那职务并不是你想从事的工作时，你可以表示要考虑几天，然后慢慢解释你为何不适合这工作，再给他一个两全其美的解决方法："我很感激您的器重，但我正全心全意发展营销工作，我想为公司付出我的最佳潜能和技巧，集中建立顾客网络。"正面地讨论，可以使你被视为一个注重团队精神和有主见的人。

当领导提出某种要求而你又无法满足时，设法造成你已尽全力的错觉，让领导自动放弃其要求，这也是一种好方法。

比如，当领导提出不能满足的要求后，就可采取下列步骤先答复："您的意见我懂了，请放心，我保证全力以赴去做。"过几天，再汇报："这几天 ×××因急事出差，等下星期回来，我再立即报告他。"又过几天，再告诉领导："您的要求我已转告 ×××了，他答应在公司会议上认真地讨论。"尽管事情最后不了了之，但你也会给领导留下好印象，因为你已造成"尽力而为"的假象，领导也就不会再怪罪你了。

通常情况下，人们对自己提出的要求总是念念不忘。如果长时间得不到回音，就会认为对方不重视自己的问题，反感、不满由此而生。相反，即使不能满足领导的要求，只要能做出些样子，对方就不会抱怨，甚至会对你心存感激，主动撤回让你为难的要求。

你也可以利用群体掩饰自己说"不"，这不失为一大妙招。

例如，被领导要求做某一件不合理的事时，其实你很想拒绝，可是又说不出来，这时候，你不妨拜托两位同事和你一起到领导那里去，这并非所谓的三人战术，而是依靠群体替你作掩护来说"不"。

首先，商量好谁是赞成的那一方、谁是反对的那一方，然后在领导面前争论。等到争论一会儿后，你再出面含蓄地说"原来如此，那可能太牵强了"，而靠向反对的那一方。

这样一来，你可以不必直接向领导说"不"就能表明自己的态度。这种方法会给人"你们是经过激烈讨论后，绞尽脑汁才下结论"的印象，而包括领导在内的全体人士不管哪一方都不会有受到伤害的感觉，领导会很自然地自动放弃对你的命令。

对于超负荷工作的要求，你即使力不能及，也不能马上怒形于色。不妨先动手来做，让事实来证明领导的要求是不可能达到的。

下面是发生在职场中的一件事情：

"小康，请你今晚把这一沓讲义抄一遍。"经理指着厚厚一沓稿纸对秘书小康说。小康听到此言，面对讲义，面露难色，说："这么多，抄得完吗？""抄不完吗？那请你另觅轻松的去处吧！"也许经理正在气头上，于是小康被"炒了鱿鱼"。

小康的被"炒"实在令人惋惜。像她这样生硬、直接地拒绝上司的要求，给上司的感觉是她在对抗，不服从指示，因而扫了上司的威信，被"炒"也就难免了。其实，她可以处理得更灵活些。她不妨这样，立即搬过那一堆稿子埋头就抄起来，过一两个小时后，把抄好了的稿子交给经理，再委婉地表示自己的困难，那么经理肯定会很满足于自己说话的威力，并意识到自己的要求的不合理处，而延长时限，这样小康就不至于被解雇。

拒绝上司必须把握以下三点。

A 要有充分的拒绝理由

首先设身处地，表明自己对这项工作的重视；然后再表明自己的遗憾，具体说明自己为什么不能接受。比如说："我有件紧急工作，必须在这两天赶出来。"充足的理由、诚恳的态度一定能得到上司的理解。

B 不可一味地拒绝

尽管你拒绝的理由冠冕堂皇，但是上司也许仍坚持非你不行。这时，你便不能一味地拒绝，否则上司可能会以为你是在推托，从而怀疑你的工作干劲和能力，以致失去对你的信任，在以后的工作中，有意无意地使你与机会失之交臂。

C 提出合理的接替方法

对上司所交代的事，你不能接受，又无法拒绝，这时，你可得仔细考虑，千万不可怒气冲天，拂袖而去。你可以与上司共商对策，或者说："既然这样，那么过两天，等我手头的工作告一段落就开始做，您看怎么样？"你也可以向上司推荐一位能力相当的人，同时表示自己一定会去给他出点子、提建议。这样，你一定能进一步地赢得上司的理解和信任，也会为你以后的工作、生活铺开一条平坦的大道，因为上司也是和你一样是个普普通通、有血有肉、有感情，也当过职员的人。

把握好以上要点，才能不让自己难堪，也不会失去上司的信任。

懂得自我调侃走出尴尬

由于我们的过失，造成了在谈话中出现难堪，这时我们不要责备他人，还是找找自己的责任，采用自我调侃的方式低调退出吧。

有一次，十多年没见的老同学聚会，因为大家都是好朋友，所以说起话来直来直去。有一位男同学打趣地问一位女同学说："听说你的先生是大老板，什么时候请我们到大酒店吃一顿？"他的话刚说完，这位女同学有点不安起来。原来这位女同学的丈夫前不久因发生意外去世了，但这位开玩笑的男同学并不知道，因而玩笑开得过了一点。旁边的一位同学暗示他不要说了，谁知这位男同学偏要说，旁边的那位同学只得告诉他真实的情况，这位男同学非常尴尬。不过他迅速回过神来，先是在自己脸上打了一下，之后调侃地说："你看我这嘴，十多年过去了，还和当学生时一样没有把门的，不知高低深浅，只知道胡说八道。该打嘴！该打嘴！"女同学见状，虽有说不出的苦涩，但仍大度地原谅了老同学的唐突，苦笑着说："不知者不怪，事情过去很久了，现在不提它了。"男同学便忙转换话题，从尴尬中解脱出来。

当我们处于类似的由于自己的原因而不好下台的情况时，最好的办法就是不要死要面子活受罪，可以采用自我调侃的办法，真诚一点，像该例中的那位男同学一样，表达自己真诚的歉意，而对方也不会喋喋不休地责备我们，相反，还会因为我们的真诚一笑置之。

人一生中总会有当众失态的时候，此时我们不妨抢先一步对自己进行调侃，好过别人来嘲笑，使自己难堪。

宋朝大文学家石曼卿，人称"石学士"。一日酒后乘马车去报国寺游玩，突然马受惊乱跑，将石曼卿从车上摔了下来。只见石曼卿站起来，拍拍身上的尘土，拿起马鞭，然后风趣地对围观者说："幸亏我是'石'学士，要是'瓦'学士，一定要摔破了。"石学士把自己的姓做了另外一种解释，妙语解颐，为后人称道。

当你陷入窘境时，逃避嘲笑并非良方，也不是超脱。相反，你试图反击，很可能会遭到对手更多的嘲讽，不如来个180度大转弯。这种超脱既能使自己摆脱狭隘的心理束缚，又能使凶悍的对手"心软"下来。

20世纪50年代初，美国总统杜鲁门会见十分傲慢的麦克阿瑟将军。会见中，麦克阿瑟拿出烟斗，装上烟丝，把烟斗叼在嘴里，取出火柴。当准备划燃火柴时，他才停下来，对杜鲁门说："抽烟，你不会介意吧？"

显然，这不是真心地向对方征求意见。杜鲁门讨厌抽烟的人，但他心里很明白，在面前的这个人已经做好抽烟准备的情况下，如果说他介意，就会显得自己粗鲁和霸道。

杜鲁门看了麦克阿瑟一眼，自嘲道："抽吧，将军。别人喷到我脸上的烟雾，要比喷在任何一个美国人脸上的烟雾都多。"

杜鲁门总统以自我解嘲的形式来摆脱难堪的境况，而他的自嘲还包含着深深的责备和不满，无形中给了傲慢的将军以含蓄的训诫。

当然大多数人都不是故意陷人于难堪境地的。如果过分掩饰自己的失态，反而会弄巧成拙，使自己越发尴尬，并且对方会心神不宁、坐立不安。以漫不经心、自我解嘲的口吻说几句取悦于人的话，可以活跃气氛，消除尴尬。

某次，柏林空军军官俱乐部举行盛宴招待会，主宾是有名的乌戴特将军。敬酒时，一位年轻士兵不小心将啤酒洒到了将军光亮的秃头上，士兵吓得魂不附体，手足无措，全场人目瞪口呆。面对颤抖的士兵，乌戴特微笑着说："老弟，你以为这种治疗会有效吗？"在场的人闻言大笑起来，难堪的局面被打破了。

尴尬场合，运用自嘲可以平添许多风采。当然，自嘲要避免采取玩世不恭的态度。具有积极因素的自嘲包含着自嘲者强烈的自尊、自爱。自嘲实质上是当事人采取的一种貌似消极，实为积极的促使交谈向好的方向转化的方式而已。

第一次交谈就给对方留下好印象

有人说："这是个一两秒钟的世界。"这句话深刻揭示了第一印象对一个人的重要。别人对他的感觉和决定要不要跟他交往，很多时候就在于初次见面的那一两秒钟的印象。男女初次约会时，第一印象要加倍重视。

首先，我们要养成良好的习惯，要注意自己的仪表。因为我们通常短时间对一个人产生好感是来自他的外在美。

热爱美、追求美是人类的天性。

年轻男女初次约会，双方都刻意装饰仪容。然而，许多人都不知道，就仪态美而言，男女是有别的，跟传统的观念恰恰相反，装饰的重点应各有不同。装饰得好，可以充分显示青春的魅力，否则就会给人以别扭的印象。当你同你的恋人第一次约会的时候，对方的容貌、仪表、举止言谈、服饰打扮，在双方的心中都会留下深深的印象。"这个人整洁清秀，举止大方"，你对他产生了好感；"这个人邋邋遢遢，蓬头垢面"，你对他印象不佳。也许你们彼此一言未发，可内心深处的好恶都在无声中和盘托出了。据说有一位颇有才华的年轻作家与一位漂亮的姑娘初识，尽管作家的长相无可挑剔，但是，他不得体的着装、一头蓬乱不堪的头发以及不拘小节地跷二郎腿的"风度"，使他们的相会只持续了难堪的五分钟。姑娘对介绍人说："看他那邋邋遢遢的样子，很难想象他会对生活有什么信心。所以，我对他的信心就失去了。"这话虽有点偏颇，但不无道理。

有些女性尽管没有倾国倾城之姿色，也未必令人"一见钟情"，而她们的仪态美和人情味能深深打动男子的心。女性在第一次约会时，仪态方面请注意以下各点：

（1）衣饰不宜过于豪华。男人虽然喜欢女人打扮得漂亮，但如果你打扮得像富翁的女儿，反而会把他们吓跑。他们会考虑能否负担得起衣饰如此讲究的妻子。

（2）不可多搽化妆品。唇膏的色泽要淡一些；要讲究点技巧，不要打扮得过于妖艳；白天不宜化浓妆，否则使人感到俗气。

（3）举止要端庄文雅。尤其在公共场所，不应有过于热情的举动。因为这不但显得你太随便、失去矜持，而且在别人看来也很不顺眼，觉得你不够庄重。

当然，在现代生活中，人们的穿衣打扮已经远远超出了御寒遮羞的狭义范围，而被看成体现社会文明程度、生活条件和人的精神面貌的反映。穿衣打扮要注意时代特点、个人的性格特点和自己的形体特点。

其次，要学会开口说话。

不少青年男女第一次约会时不知如何开口或说些什么话，由于紧张、畏惧或别的什么原因，原本健谈、幽默和风趣的人也会变得木讷、寡言，甚至手足无措。

其实你大可不必那么紧张，也不要封闭住自己的感情和心灵，如果初次见面你觉得对方还不错，就大胆地向他表示自己的真心和热情，就算你有什么具体的实际要求，也不妨诚恳地说出来；而不要遮遮掩掩，想问不敢问、想说不敢说，把约会变成一个别扭、难堪的聚会，那样就没什么意思了。遇到称心如意的人，就拿出真心和勇气，放开胆子，大方地追求吧！

在任何场合，男性主动同女性打招呼、问好都是一种礼貌；在恋爱时，男性更要主动开口，并尽量展开话题，不要出现冷场。

张明经人介绍与李晴姑娘认识，他们在一个星光灿烂的夜晚会面。

张明首先开口说："你好！我已经等了你很长时间了，真怕你

突然改变主意不来了，那我就惨了。你觉得我怎么样？首先外观上你能通过吗？我这个人最大的缺点是不会收拾装扮自己，所以迫切想找个贤内助帮我料理收拾。如果能那样子的话，你一定会发现，一经打扮，我还挺不错的呢！不要笑，我这个人就好开玩笑，虽然工资不高，但生性乐观、爱好广泛，如听音乐、打篮球、游泳、看书等，又好动又好静，你呢？"

如此这般，张明很自然地展开话题，并诱发姑娘说话，从中观察她的志趣爱好，可谓一举两得。

大多数女性表达感情的方式比较含蓄，内心爱情如潮涌，表面上却很平静，看不出丝毫痕迹，甚至还略显冷漠地来掩饰自己的真情实感。她们在第一次会见自己喜欢的人时，往往不大愿意多说话，但又不能不说，所以言语较为谨慎，带点探询、含糊其词等特征，或假装天真、糊涂，让对方多说，以便观察、了解他的为人。

"我是不是来晚了？我没想到你会约我。"

"我也不知道怎么回事，最近总是心神不定。"

"我第一次看到你，就觉得你挺特别的。"

"你觉得你自己有什么优点？"

女性的爱一般表现在行动上，而在语言上不大能表现出来。所以恋爱时，还是以男性主动开口说话为主，如果你能掌握她的心理、爱好，有针对性地开口说话，那样效果更佳。

要明白，女性喜欢大胆、直率和真诚的男性，只要你把握住夸奖、赞美的原则，让她听了感觉愉快、甜蜜，你们就一定能继续交往下去。切忌说肉麻、太露骨的话语，那样会把她吓跑。

有一种传统的由媒人牵线、撮合发生恋爱关系的恋爱对象。基于这种情况的男女大多是些性格内向、忠厚老实且默默无闻的人。当你赴约相见的时候，无论男方或女方，都要克制忐忑不安的心境，用不着羞羞答答，更不应该寡言少语、吞吞吐吐，而要落落大方，主动交谈。就身边的一些小问题，做简单交谈，譬如：谈天气、谈周围环境、谈所见所闻，然后再言归正传，谈年龄、谈文化程度、谈工作、谈性格、谈嗜好、谈家庭状况、谈社会关系等。对于心灵深处的流露、情感方面的表白，可含蓄、委婉、曲折些——这毕竟是"第一次交谈"，留点话题为以后交谈提供条件。

在当今的现代文明社会中，仅仅以貌取人、以风度定优劣固然不可取，但不可否认，一个人的言谈举止、音容笑貌、服饰打扮，在一定程度上反映着这个人的精神世界和审美情趣。一个人一举手一投足、一笑一颦，都会给人留下或美或丑的印象。人与人的相识相知总是从第一印象开始的，虽然这只注重了外在与表层，不无片面和虚假的弊病，但在恋人之间，它的作用实在不可小觑，尤其是通过第三者介绍认识的恋人。爱情的萌发来源于好感，而人们的好感离不开第一印象。法国总统戴高乐将军心中的恋人形象是：温柔、谦和、漂亮的姑娘。当汪杜洛小姐与戴高乐相逢时，她楚楚动人、温和雅丽的风度给戴高乐留下了很好的"第一印象"。因此，我们一定要重视第一印象，给对方一种良好的感觉。

办事礼貌为先

在外出办事时，如果双方约定见面又有其他人在场，主人为你介绍时，你应当如何表现才算合乎礼节呢？一般说来，介绍时彼此微微点头，互道一声：某某先生（或小姐）您好！或称呼之后再加一句"久仰"便可以了。介绍时你还应该注意，如果你是坐着的，那你就应该站起来，互相握手。如果相隔太远不方便握手，互相点头示意即可。随身带有名片的此时也可交换，交换时应双手奉上，并顺便说一声"请多多指教"之类的客套话。接名片时也应用双手，并礼貌地说一声"不敢当"等，自己若带着名片也应随后立刻递给对方。如果你是介绍人，介绍时就务必要做到清楚明确，不要含糊其词。比如，介绍李先生时最好能补上一句"木子李"或介绍张先生时补一句"弓长张"等，这样使对方听起来更明确，不容易产生误会。如果被介绍的一方或双方有一定的职务时，最好能连同单位、职务一起简单介绍。像"这位是某某公司的业务经理某某同志"，这样可使对方加深印象，也可以使被介绍者感到满意。

此外，如果你外出、旅游或者初到一个陌生的地方，可能会对地址或当地的风俗习惯不了解，这就需要询问别人。要想使询问得到满意的答复，就要做到这样两点：

一要找对知情人，主要是指找当地熟悉情况的人。比如，问路可以找民警、司机、邮递员、老年人等。二是要注意询问的礼节，要针对不同的被询问者和所问问题区别对待。比如，询问老年人的年龄时可适当地说得年轻一些，而询问孩子的年龄时则应当大一些；询问文化程度时最好用"你是哪里毕业的？""你是什么时候毕业的？"等较模糊的问句等。注意询问时不要用命令性的语气，当对方不愿回答就不要追根问底，以免引起对方不快。

请求别人帮助时，应当语气恳切。向别人提出请求，虽无须低声下气，但也绝不能居高临下、态度傲慢。无论请求别人做什么，都应当"请"字当头，即使是在自己家里，当你需要家人为你做什么事时，也应当多用"请"字。向别人提出较重大的请求时，还应当把握恰当的时机。比如，对方正在聚精会神地思考问题或操作实验时，对方正遇到麻烦或心情比较沉重时，最好不要去打扰他。你的请求一旦遭到别人的拒绝，也应当表示理解，而不能强人所难，更不能给人脸色看，不能让人觉得自己无礼。

办事过程中保持微笑

现实生活中，很多人都已经意识到了衣着打扮对自己社交和办事的重要性。因此，出门办事之前，我们总是对着镜子特意打扮一番。但是，我们也不可以忽略了外表所展现的另一种魅力作用，那就是你的微笑。微笑可以解决问题，微笑能够解决问题，这是真理，很多有经验的成功人士深有体会。但是，还有很多人没有意识到微笑会对办事产生这样的影响。因此，要养成良好的微笑习惯，用笑容与真诚打动他人。

所有的人都希望别人用微笑去迎接他，而不是横眉立目。

所以，有的公司在招聘员工时，以面带微笑为第一条件，他们希望自己的员工脸上挂着笑容，把自己的公司推销出去。

用微笑把自己推销出去，最好的例子是美国联合航空公司。

联合航空公司保持着一个世界纪录，那就是在 1977 年载运的乘客总人数是 355 万人。

联合航空公司宣称，他们的天空是一个友善的天空、微笑的天空。事实的确如此，他们的微笑不仅仅在天上，在地面便已开始了。

有一位叫珍妮的小姐去参加联合航空公司的面试招聘，当然她没有关系，也没有熟人，也没有先去打点，完全是凭着自己的本领去争取。她被聘用了，你知道原因是什么吗？那就是因为珍妮小姐的脸上总带着微笑。

令珍妮迷惑不解的是，面试的时候，主管人员总是故意把身体转过去背着她，千万不要误会这位主管人员不懂礼貌，原来他在体会珍妮的微笑，感觉珍妮的微笑，因为珍妮有关预约、取消、更换或确定飞机班次的事情。

那位主试者微笑着对珍妮说："小姐，你被录取了，你最大的资本是你脸上的微笑，你要在将来的工作中充分运用它，让每位顾客都能从电话中感受到你的微笑。"

虽然可能没有太多的人会看见她的微笑，但他们通过电话，可以知道珍妮的微笑一直伴随着他们。

联合航空公司之所以取得惊人的运载数字，从这里就可见一斑了。

在人的所有表情之中，最有魅力、最有作用的，当属微笑。

靠微笑走向成功的还有美国的商业巨子希尔顿。

从 1919 年到现在，希尔顿旅馆从一家扩展到世界五大洲的各大都市，成为全球规模最大的旅馆之一。几十年来，希尔顿旅馆生意如此之好，财富增加得如此之快，其成功的秘诀之一，依赖于服务人员"微笑的影响力"。

希尔顿旅馆总公司的董事长康纳·希尔顿在几十年里，向各级人员（从总经理到服务员）问的最多的一句话是："今天你对客人微笑了没有？"

他谆谆告诫员工，无论旅馆本身遭遇的困难怎么大，希尔顿旅馆服务员脸上的微笑永远是属于旅客的阳光。他说："请你们想一想，如果旅馆里只有第一流的设备而没有第一流服务员的微笑，那些旅客会认为我们供应了他们全部最喜欢的东西吗？如果缺少服务员的美好微笑，就好比花园里失去了春天的太阳与微风。假若我是顾客，我宁愿住进虽然只有残旧地毯却处处有微笑的旅馆，而不愿走进只有一流设备而不见微笑的地方……"如今，希尔顿的资产已从5000美元发展到数十亿美元，声名显赫于全球的旅馆业。希尔顿旅馆的服务人员总是会想到的就是他们的老板可能随时会来到自己面前再提问那句名言："今天你对客人微笑了没有？"

微笑当然是指那些由内心生出、绝对真诚的微笑。一个大公司的人事经理经常说："一个拥有纯真微笑的小学毕业生，比一个面孔冷漠的哲学博士更有用，因为微笑是对工作人员的基本要求，也是公司最有效的商标，比任何广告都有力，只有它能深入人心。"

随时保持微笑，更是有利于增强你办事的效果。

满脸笑容地迎接客人，微笑会使对方感觉你如同亲人；满脸笑容地托别人办事，微笑会增加对方拒绝你的难度。

微笑是一张通行证，它能给别人留下温暖、亲切、自信的印象，笑着同别人谈话，能使每一句话显得轻松，即使是那些难办的事情或是复杂的问题也可以在微笑中变得轻松起来。真诚微笑，让对方产生愉快的心情，然后一点点地把问题提出，让他在快乐轻松的心情中不再设防，这样的办事效果要比板起面孔一本正经地谈判许多轮不知要好上多少倍。

有时候，为了办好事情，尽管我们没有微笑的心情，关键时刻，也必须调整自己，笑脸对人。

西方有句谚语："不会笑就别开店。"中国人也说："笑口且长开，财源滚滚来。"微笑，是人类最美好的形象，它吸引着幸运和财富。

做一个让大家信赖的人

赢得别人的信赖是办事成功的第一步。作为一个办事人员，如果能养成守时、守约、守信的品格与习惯，那实在是令人钦佩，很多办事人员却轻率地认为，他们不负责任的行为会得到别人的关心，或者别人只是随便顺口说谁较懒，而不会因懒引起没有责任感的猜测。当然，也有一些人没有责任心的原因是因为他们不太成熟。

有些人之所以成为一个让别人无法信赖的人是有很多原因的。比如说，有些人生长在不完整的家庭，因对家人一次次的失望后，形成了没有责任感的人格。很多时候，他们不会直截了当地对你说"我办事不可靠"，却用谎言或开空头支票让你失望。

检查一下自己，你属于哪种人，你是否经常逃避责任而让别人逐渐对你不信任呢？

1. 办事不可靠的人

现在有一种偏见，说是"女人办事不可靠"，其实这指的只是某一种女人。这种女人会迷惑别人，不会露出任何马脚，让你感觉她是一个开朗活泼的、善解人意的、可以信赖的人，于是人人乐意与她相处，乐于帮助她，甚至被多次利用也没有察觉。

有些女人有小女孩心态，认为没有心眼的迷糊个性是招人喜爱的女性化表现，不论女性还是男性，若住集体宿舍开水不打只管用，集体聚会一毛不拔，到了付费的时候从不主动等，均被认为具有一种人格的缺陷，而她自己却认为这是可爱之处。有这些表现的人一定要注意改正，毕竟走上社会后，谁也不愿把你当成小女孩。

2. 寻找推卸责任的幌子

有的人没有尽到责任，是完全"无心"的，并非故意伤人。有些人却表面上装糊涂，以此为武器来推卸责任，让别人无法责怪他们做了错事，所以表面上他们虽然没有拒绝你交给的任务，却半途而废或弃置不顾，以迷糊来掩饰他的"罪行"。

例如，某报社记者刘某，在没写出稿件时，总是说自己经常失眠无法按时上班，要登他的新闻稿时，总是在稿件下厂时才递来一篇乱七八糟的"东西"。他之所以还能在这个单位生存下去是因为有一位常替他收拾烂摊子的朋友，可时间一长，他的毛病还是被大家看出来了。后来，刘某被报社辞退了。

有些人恶意推卸责任的动机，常混合了想引人注意和报复的心态。他们把所有的过错都怪罪在家人和朋友身上。他们虽然已不是小孩，但别人也无法视之为成人，而任由他们迟到、早退、信口开河，以不负责任为护身盔甲，悠然自得地游戏人间。

若你期望没有责任感的人能有所改变，那实在比登天还难。他们不会因你的失望而感到伤心，也不会因带给别人的麻烦而感到内疚，你必须收拾他们留下的残局，更要每天提心吊胆他又捅什么娄子。为了减少自己的损失，你最好狠下心来放弃这样的朋友。若对方是你放弃不得的，如母亲或上司，那你就得加强自我保护。最起码要提醒自己："这人是我生命中的一部分，虽然去不掉，但不论何时我绝对不能有依赖他们的念头。"

3. 全方位负责的人不多

有些人对自己在意的事很有责任心，但对其他事是能躲则躲。

某公司负责人李总如此评论自己："我绝不会雇用十年前的我。对工作非常马虎，经常因为一些小事情就请假。我知道这样幼稚不负责的行为，只会使我失败。"

但是还有一种普遍的情形就是，有些对工作认真负责的人，私下里却浪荡不羁。他们虽然准时上班，但和男友、女友约会却总是迟到或失约。他们认为没有义务尊重其他人，因他们都是微不足道的小人物。下面有一则例子就很好地说明了这一点。

某位女记者年纪轻轻就成为台里的"名记"，可谓是春风得意，而她又是如何办事的呢？同事常说："她虽然不是倾国倾城的美女，但工作相当卖力。不论是暴风灾情或战争现场报道，她都不畏艰难、出生入死，是个标准的工作狂。"

但是她的朋友一点也不信赖她。去年，她最好的朋友不幸得了乳腺癌却没有告诉她。后来她生气地责问对方为何瞒她时，老朋友直言不讳地说："我现在需要的是可以依靠的朋友，在我做放射线治疗时，她们能过来帮我、安慰我，做晚餐，洗衣服，细心照顾我。而你也许事前会答应过来帮我，真到那时却会推托。为了不为难你，我就没告诉你！"

朋友说过的话一次次在她的脑海回旋着，终于，她第一次认认真真地看清楚了自己，她说："我承认我的朋友都是些泛泛之交，而先生也在一年前离开我。当时，我认为他是嫉妒我的成就，到现在才明白，我让他太失望，逼得他不得不放弃我。现在除了成功的事业之外，我几乎是一无所有。"她落寞的神情，让人为她难过。接下来该怎么做，相信她自己已经很清楚了。

要想办事顺利，只有取得别人的信赖。我们每个人如果想要取得他人对我们的信任，就要下决心除去自己的劣根性，做一个为自己的行为负责的成年人。也许开始时你是勉强自己在做，但从朋友对你态度的改变中，你会了解到自己做对了，而且一定要保持下去，这样总有一天你会成为一个大家都信赖的人。

用亲和力打造关系

聪明的人善于把"关系"变成办事的资本，他们凭借自己的本领最大限度地打通各个环节，以便为自己办事制造人事关系。与他人建立"关系"，其目的就是相互帮助，别人有急事、难事的时候，你鼎力相助，你有难办的事时，朋友也会两肋插刀。但建立关系最基本的要求就是要有亲和力。

现实中，很多人的苦恼正是因为缺乏良好的亲和力。有这么几个例子就很好地说明了这一点。

张总是一家大型企业的负责人，他最近经常头疼，因为他发现下属越来越难以管理了，朋友建议他学习人际交往的艺术，于是张总报名参加了学习人际交往的培训班。就这样，张总放弃了和家人团聚的机会，积极地参加培训，学习了人际沟通的许多方法和技巧。可是一回到单位，面对下属，那些具体的问题又出来了，他的那位女下属对他说话还是那样冲，他一听到她说话，就忍不住想发火。他真的觉得有些控制不住自己。

刘爽见了谁都很客气，总是很礼貌地同别人寒暄几句。开始时，他的同事很喜欢他的礼貌，可是时间一久，他发现自己并不能够深入地和人交流。他觉得自己和别人总是隔着一层，而他的同事也是以同样的礼貌回敬他。渐渐地，他觉得自己和同事的距离越来越远了。他真的觉得很累，他不明白，为什么坐在他旁边的同事小王为人大大咧咧，有时还对人发脾气，反而有那么多知心朋友？刘爽觉得自己是全部按照人际交往的规范来执行的，怎么会这样呢？

李小姐有点像"工作狂"，尤其最近，整天忙于工作，压力很大，好不容易和朋友见上一面，但聊天的内容全是工作，朋友听着都头疼。回到家里，面对家人，她满脑子想的还是工作。李小姐到现在发现自己的思维内容非常狭窄，除了工作还是工作，头脑里没有一点其他的东西。等到一上班，她才发现自己特别爱发脾气，明明知道应该对客户有礼貌，可是一见到客户，她说话就带着烦躁的语气，弄得最近客户的投诉率接连上升。

像张总、刘爽、李小姐这样的人，我们在生活中经常可以碰到，他们正在为自己在人际交往中缺乏亲和力而感到苦恼。具有良好的人际沟通和亲和能力是我们每个人都梦寐以求的，良好的人际亲和力能给我们带来种种好处。不仅使我们获得更多的友情，感受到人与人之间的关爱与温暖，还使我们获得更多的人际资源，让我们拥有意想不到的好前途和办事的好机会。

你可以通过以下几个方面打造你的亲和力：

1. 主动攀谈，求得他人认可

言为心声，只有用语言与别人交谈，才能加深彼此的了解。以交谈的方式与别人沟通，可促进和深化交往。

2. 善意疏导，去除他人误解

人与人之间出现矛盾、摩擦是正常的，关键是要多沟通，说开了彼此就会取得理解。

3. 随和解释，赢得他人佩服

要想取得对方的信任以利于沟通，就要注意在言谈举止方面大方自然一点，不要清高自傲、孤芳自赏，该坦率、直露的地方绝不含糊其词。只有这样，别人才会相信你，并乐意与你交往。

寻找共同点拉近彼此的距离

求人办事时，可以寻找与他人的共同之处，以便拉近彼此的距离。因为人是感情的动物，这是无法回避的。感情好像一把双刃剑，它可以使你受益，也可以使你受损。擅长寻找与对方的共同点并努力建立和维持与对方的友谊，你的问题就解决了大半。丰富的感情影响着你、我乃至每一个人的行为，有时没有共同点也要制造共同点以拉近彼此的距离。

心理学家认为，朋友是人与人在交往的过程中，自发形成的松散型的意缘群体。所谓意缘群体，是与血缘群体相对而言的，它是由于意向、志趣、爱好和观念相似或相近自然结合而成的，不是靠行政或组织行为黏合到一起的。

由于他们对待工作、生活和学习的态度相类似，即价值观相同，所以，他们在一起时，易于相互感知、相互适应，感情易于沟通，容易产生共鸣，并且容易得到对方的支持，容易预测对方情绪、需求和态度取向，因此相互间容易产生亲密感。

所以求人帮助时，也要先把他们变为朋友，朋友之间有困难，向朋友提出帮忙的要求，对方当然就乐于效劳并尽力解决了。

下面是寻找双方共同点的几种有效方法。你不妨做些参考，以便与陌生人拉近距离。

1. 在闲谈中找到双方共同点

没有人喜欢与自己格格不入的人闲谈，人们只愿意和那些与自己有共同话题的人交往。

善于交友办事的人都是善于交谈的人，即便是完全陌生的人，他也能打破沉默，主动在与对方闲谈中找到双方的共同点。找到了共同点，就抓住了谈话的主题，事情就好办了。

2. 察言观色，寻找共同点

一个人的心理状态、精神追求、生活爱好等，或多或少地体现在他们的表情、服饰、言谈举止等各方面。只要你善于观察，就会发现你们的共同点。

3. 以话试探，找到双方共同点

陌生人相遇，为了打破沉默的局面，主动开口讲话是必需的。有人以动作开场，一边帮对方做某些急需帮助的事，一边以话语试探，有的通过借书借物展开彼此交谈的话题。

总之，求人办事，如果能以共同点拉近彼此的距离，就能把难办的事情办好。

第五章

说话习惯：
当会说话成为习惯，不觉间便能广结人缘

用恰当的方式说恰当的话

在交际中，如果不注意说话方式，所用的说话方式不恰当，对方就会据此理解你的语意。当出现理解上的歧义时，就有可能造成不良后果，从而影响正常交际，违背表达者的初衷。

讽刺、挖苦是一种有强烈刺激作用的表达方式。它往往是以嘲笑的口吻说出对方的缺点、不足之处，使人当众丢丑，难以忍受，轻则导致对方反唇相讥，重则大打出手，造成很恶劣的后果。

某主任如此议论他的下属："黄×那个人这辈子算是白活了，堂堂大学毕业生，找不上一个老婆，姑娘们见面就摇头。他写的那个文章，就像小学生作文，前言不搭后语，字还没有蜘蛛爬得好。我要是他，早找根绳子上吊了……"

黄×后来听到这些议论，索性在工作时一字不写，利用业余时间写小说、写报告文学。

作为工作中的上级和情感上的朋友，看到下级及朋友身上存在缺点和不足，应该正面指出来，指导他、帮助他，促使他前进，而不应该取笑他。那些总是取笑别人的人往往缺乏自信心，对前途有一种恐惧感，害怕别人看不起自己，因而借取笑别人来释放心中的压抑，试图改善自身的形象。殊不知，这样做恰恰破坏了自我形象，引起他人的反感与对立。

因此，讽刺、挖苦的表达方式绝不可轻易使用。那种粗俗谩骂的说话方式也应该予以摒弃。

说话要讲究文明礼貌，这是最起码的要求。口语交际中，说话粗俗不雅、满口脏话，甚至谩骂、恶语伤人等不文明谈吐，是对他人的侮辱，令人难以忍受。这种说话方式往往会造成不愉快的结果，影响交际，破坏风尚。

比如，在交际中发生了矛盾。有人在气急的情况下，常常骂人，口吐脏话，如说："你这是胡说八道""你是什么东西"。不管在什么情况下，这样的谩骂都是无礼的行为，都易激怒人，是不良的说话习惯。

还有一种情况，就是有的人说话爱带"话把儿"，而且形成了不良习惯，成了口头禅。在他们看来是无意的，可是别人听来就很刺耳，难以容忍，极易做出强烈的反应。

从表达的语气语调来看，说话方式还有刚柔软硬之分。一般情况下，柔言谈吐，语气温和、用词恰当，如和风细雨，听来亲

切，易于被人接受，产生好感。即便是在内容上有违对方的意思，也不至于当场把对方得罪。相反，刚烈之言，语气生硬、高声大嗓，如同斥责训教，听来刺耳，使人感到难受、反感，有时甚至说话的内容并无问题，就因使用了这种刺激人的说话方式，仍然会使人生气、发火，得罪人。

对于一个不同意自己观点的辩论对手，如果说"你这个人不可理喻！"，对方必然要做出强烈的反应。

当自己的意见不被对方理解时，就生气地说："和你说话，简直是对牛弹琴！"，对方会感到是一种侮辱，与你对抗。

某人要外出，找人代买张车票，他硬邦邦地说："你给我带回一张车票，送到我家去，我要出差，听见了吗？"对方听了这口气，心里会痛快吗？他可能一句话就顶回来："对不起，我今天没有空。"

对一个在工作上信心不足的人，同事恨铁不成钢地说："你也太不像话了，人家能做到你为什么就做不到？你也太不争气了！"他马上会不满地接话说："你算老几呀？用你来教训我！"说完拂袖而去。

类似的生硬说法都会在不同程度上得罪人。

生硬话、愤怒话，大多是顺口而出的，没有经过推敲，因而有失分寸是很自然的事。这种语言又多是"言出怒出"，它如同烈火一般，常常起到破坏作用。

每个人都有很强的"自我意识"。在说服对方的过程中，为了不伤害对方的自尊心，就应尊重对方的"自我意识"。

很早以前就听说过，设计相同、质地相同的高级女装，价格越贵越容易销售。一家服饰店的老板讲了这样一件事：有一次，店中刚雇用不久的店员对一位正在挑选西装的顾客劝说道："这边是比较便宜的！"结果这位顾客突然大怒，当老板慌忙跑来之后，她又气势汹汹地说道："什么比较便宜？我又不是没钱，你太没礼貌了！"老板赶紧连声道歉才算了事。

这种情况不仅限于商业中，我们在与对方交流的过程中，常常因为没有考虑到对方的自尊心、虚荣心，使用了不慎重的态度或语言而导致失败，尤其是说服自尊心、虚荣心强的人时，这种情况便会成为必然。因此，说话必须注意不伤害对方的自尊心、虚荣心，而应照顾到对方的强烈的"自我意识"，使他接受你的观点。

我们在交谈时常常会犯这样一个错误，就是当发现对方有明显的错误时，会不客气地批评对方说："那是错的，任何人都会认为那是错的！"这样一来，对方的自尊心会受到伤害，突然陷入沉默。

批评是我们常要做的事，尤其当你是一位长辈或领导时。但我们有些人批评起来简直让他人无地自容，下不了台阶。其实，这种批评方式不但无法达到让他人改正错误的目的，而且会损害你的人际关系。既然如此，为何还要使用这种"残酷"的手段呢？在生活和工作中，我们不可能没有批评，但要学会巧妙地批评，让他人既意识到自己的错误，并尽快改正，同时也理解你善意批评的意图，对你心存感激。或者批评之前先总结一下他人的优点，然后慢慢引入缺点。在他人尝到苦味之前，先让他吃点甜味，再尝这种苦味时就会好受些。

约翰找了一个就是奉承也无法说漂亮的女士为妻，几个月之后，他妻子却变得像"窈窕淑女"一般美丽，与之前简直是判若两人。

这位女士在结婚之前，不知为什么对自己的容貌有强烈的自卑感，因此很少打扮。当时因为是大战刚结束，物质极端贫乏，人们的穿着都很普通。当然，她也太不讲究了。不，不是不讲究，而是认识出现了偏差，认定自己不适合打扮。她有一个非常漂亮的姐姐，这也使她产生了强烈的自卑感。每当有人建议她"你的发型应该……"时，她都怒气冲冲地说："不用你管，反正我怎么打扮也不如姐姐漂亮。"她把自己的容貌未得到赞美的不满情绪转嫁到不打扮这一理由上，并且加以合理化。

到底约翰是怎样说服他的太太，使她发生变化的呢？据他自己说，当他的太太穿不适合她的衣服时，他什么也不说，但是，当她穿上适合她的衣服时，他便夸奖说"真漂亮"；发型、饰物也是如此。慢慢地，她对打扮有了信心，对于容貌所产生的自卑感自然也消失得无影无踪了。

间接指出别人的不足，要比直接说出口来得温和，且不会引起人反感。不管说话目的是什么，我们都应该采取委婉的方式，这样效果会好很多。

开玩笑不能越过底线

开玩笑是生活的调味品。开玩笑可以减轻疲劳、调节气氛，拉近和朋友、同事之间的距离；彼此产生矛盾时，一句玩笑话可以化干戈为玉帛，消除积怨；开玩笑也可以用作善意的批评或用来拒绝某人的要求。

但开玩笑要把握尺度、掌握分寸，若玩笑开得过火，会给人一种被耍弄的感觉；弄不好"说者无意，听者有心"，会加深或引发与他人的矛盾。

爱说笑的人一般都心怀善意，他们想做的只不过是要多给人增加一分快乐而已。无论如何，玩笑话有伤人的可能，其界限是耐人寻味的。必须随时记住，开玩笑和诙谐会有伤人的危险，要小心翼翼不能踏错一步，否则真是得不偿失。

万一说了伤人的话，一定要诚心诚意地道歉，不能就此放任不管。

开玩笑要注意对象，大大咧咧的人可以经常和他开个玩笑；和过于严肃、喜欢安静的人开玩笑就要轻一些。开玩笑还应注意内容，不能太庸俗、太低级下流，这样有损于你的形象；也不能拿同事的生理缺陷或隐私来做笑料，因为有些人最害怕别人揭自己的伤疤，一旦有人冒犯他，他的自尊心会让他发生很不理智的行为，生活中这类事情时有发生。

每个人都有自己的隐私，而且每个人都不允许别人触及自己的隐私，当然更不允许别人拿自己的隐私开玩笑了。如果谁在开玩笑时违反了这一游戏规则，就会变成一个不受欢迎的人。

一天，几个同事在办公室聊天，其中有一位胡小姐配了一副眼镜，于是拿出来让大家看看她戴眼镜好不好看。大家不愿扫她的兴，都说很不错。这件事使老常想起一个笑话，他就立刻说出来："有一个老小姐走进皮鞋店，试穿了好几双鞋子都不满意。当鞋店老板蹲下来替她量脚的尺寸时，这位老小姐——我们要知道，她是近视眼，一看到店老板光秃秃的头，以为是她自己的膝盖露出来了，连忙用裙子将它盖住。她立刻听到一声闷叫声，'混蛋！'店老板叫道，'保险丝又断了！'"

接着是一片哄笑声。孰料事后竟从未见到胡小姐戴过眼镜，而且碰到老常再也不和他打一声招呼。

其中的原因不难明白。说者无心，听者有意，在老常看来不过是说了一则近视眼的笑话，然而胡小姐则可能这样想：你取笑我戴眼镜不要紧，还影射我是个老小姐。我老吗？我才26岁！

所以，说笑话要先看看对哪些人说，先想想会不会引起别人误会。

开玩笑之前，先要注意你所选择的对象是否能受得起你的玩笑，一般人可分为三类：第一种，狡黠聪明；第二种，敦厚诚实；第三种则介于上面二者之间。对第一种人开玩笑，他是不会让你占便宜的，结果是旗鼓相当，不分高下。第二种敦厚诚实者，喜欢和大家一齐笑，任你如何取笑他，他脾气好，不致动怒。对这两种人，你可以先看看对方当时的情形，能否可以开玩笑。而第三种人你要小心。这种人一般也爱和别人笑在一起，但一经别人取笑时，既无立刻还击的聪明机智，又无接纳别人玩笑的度量，如果是男的则变得恼羞成怒、反目不悦，如果是女的就独自痛哭一场，说是受人欺侮。所以开玩笑之前，要先认清对方。

再者，开玩笑要有轻有重，"重"的玩笑多半是开不得的，它只能在比较特殊的场合才能开。若在一般场合开比较"重"的玩笑，可能就不再可笑了，甚至会变成悲剧。朋友聚会，为了活跃气氛，应该选择一些比较轻松的玩笑开，如果不是特殊需要，切不可开比较"重"的玩笑。

据某报刊载：张某和几个朋友一起喝酒，几杯酒下肚后，张某的脑袋就有些昏昏沉沉了。两位朋友边喝边和他开玩笑："瞧你这丑样，你那儿子倒很漂亮，莫不是你媳妇跟别人生的？"张某是个小心眼的人，平时也爱丢三落四，此时却牢牢记住了这句开玩笑的话。张某跌跌撞撞回家后，就向妻子找碴儿："你说！我长得是啥样，为什么这孩子却是那模样？到底是不是和我生的？"他边说边逼近妻子。突然，他冷不防从妻子怀里抓过孩子，拎着小腿把孩子扔到炕上，又顺手抓起枕头压在了哭叫不已的孩子的脸上，可怜的孩子顿时没有了哭声。见此情景，妻子极力想救孩子，却被丈夫打倒在炉灶前。妻子急恨交加，顺手抓起炉灶旁边的炉钩，死命地甩向张某。只听张某"哎呀"一声，松开了枕头，慢慢地瘫倒在地上。妻子从地上爬起来，不顾一切地向儿子扑了过去。她急忙掀去枕头，儿子的小脸儿憋得青紫，已经奄奄一息了。再看丈夫，他倒伏在地上，一动不动，一股青紫色的液体顺着他的右腮淌下，原来她甩过去的炉钩的尖端，刚好嵌进张某的右边太阳穴。她见状吓得昏了过去。

一边是只剩下一口气的宝贝儿子，一边是一口气也没有的丈夫。顷刻间，好端端的一家人家破人亡，毁于一瞬。

看来，开玩笑之前，务必考虑这个玩笑带来的后果，不该开的绝不要随便开。有时开玩笑还要考虑到自己的特殊身份及开玩笑的对象，不然也会发生意外，这是应该引起我们注意的。

总之，开玩笑不能过分，尤其要分清场合和对象。开玩笑的忌讳主要有以下几点：

（1）和长辈、晚辈开玩笑忌轻佻放肆，特别应忌谈男女情事。几辈同堂时的玩笑要高雅、机智、幽默、解颐助兴、乐在其中。在这种场合忌谈男女风流韵事。当同辈人开这方面玩笑时，自己以长辈或晚辈身份在场时，最好不要掺和，只若无其事地旁听就是。

（2）和非血缘关系的异性单独相处时忌开玩笑（夫妻自然除外），哪怕是开正经的玩笑往往也会引起对方反感，或者会引起旁人的猜测非议。要注意保持适当的距离，当然，也不能拘谨别扭。

（3）和残疾人开玩笑，注意避讳。人人都怕别人用自己的短处开玩笑，残疾人尤其如此。俗话说，不要当着和尚骂秃子，癞子面前不谈灯泡。

（4）朋友陪客时，忌和朋友开玩笑。人家已有共同的话题，已经形成和谐融洽的气氛，如果你突然介入与之开玩笑，转移人家的注意力，打断人家的话题、破坏谈话的雅兴，朋友会认为你扫他面子。

不要总是责备他人

正如唠叨是影响说服成功的礁石一样，无用而令人心碎的指责也是成功说服的敌人。不要时时处处指责对方，这样改变不了对方。有些人不仅在家庭内部，就是在朋友和熟人面前也不忘指责自己的伴侣。这种指责不仅改变不了对方的缺点和错误，反而伤害了双方的感情。如果对方确实有错，那就委婉地提出，真诚地帮助，甚至以情感的力量去感化对方，相信对方一定会在意你所付出的一切。

对别人批评，只会使别人竭力掩饰自己的过错而已。这不仅关系到被批评者的颜面，而且还会引起被批评者的反感。在某国的军队中有一条军法，就是士兵不得随意指责战友，如果谁违犯了这条军法，就会受到严厉的责罚。这一条军法的用意是避免大家因批评而彼此闹意见，使内部出现不合作的现象。一家商店的老板，如果他只是批评伙计，说一班伙计怎样怎样不好，这班伙计一定不会为他忠心服务，这家商店一定不会发展的；一个主妇，如果老是批评用人不好，用人也不会忠心地做事，这样主妇是不会得到什么好处的。

据说，女性如果在其他女性面前被伤害了自尊心，那简直比死还难过。当个别家庭妇女在超级市场顺手牵羊偷拿物品被当场发现时，处理这件事的人员考虑到女性的深层心理，将她带到别的房间内进行处理，可以说这是一种很好的说服方法。所以，有第三者在场时，我们不应向别人尤其是女士提出批评。

有些人很喜欢指责他人，一旦出现问题，他们首先想到的就是如何将责任推卸给别人。有些人似乎养成了一种不以为然的恶习，他们动不动就批评、指责他人，有些人更以此为快。一旦出现问题，他们首先想到的就是射出批评之箭，中伤他人。还有些人，他们本来自己在某方面做得并不好，却非要拼命去批评人家。这种批评怎会以理服人呢？其结果要么伤害他人，要么被人抵挡，弄得自己反遭他人伤害。其实，尽量去了解别人，尽量设身处地去思考问题，这比批评、责怪要有益得多，这样不但不会伤人害己，而且让人心生同情、忍耐和仁慈。"了解就是宽恕"，何不多点温柔之术呢？所以，当我们批评他人时，先想想自己：

我做得怎样？是否应该完全怪罪他人？这样你也许会完全改变自己的想法和行为，并与他人保持一种良好的人际关系。

让我们记住，我们所要说服的对象，并不是绝对理性的动物，而是充满了各种情绪。

鲍勃·胡佛是位有名的试飞驾驶员，时常表演空中特技。一次，他从圣地亚哥表演完后准备飞回洛杉矶。根据《飞机作业》杂志的描述，胡佛在离地 100 米高的地方时，刚好有两个引擎同时出现故障。幸亏他反应灵敏、控制得当，飞机才得以降落。虽然无人伤亡，飞机却已面目全非。

胡佛在紧急降落之后第一个工作是检查飞机用油。正如所料，那架螺旋桨飞机装的是喷射机用油。

回到机场，胡佛要求见那位负责保养的机械工。年轻的机械工早为自己犯下的错误痛苦不堪，一见到胡佛，眼泪便沿着面颊流下。他不但毁了一架昂贵的飞机，甚至差点造成三人死亡，你可以想象出胡佛当时的愤怒。但是胡佛并没有责备那个机械工，他只是伸出手臂，围住工人的肩膀说："为了证明你不会再犯错，我要你明天帮我修护我的 F-51 飞机。"

的确如此，我们很多人说话时，经常只顾自己痛快，过后才发现不小心伤了别人的心，尤其是当别人做了错事，或自己因此而吃了亏，更觉得自己受了委屈，在嘴上图个痛快，于是一些难听尖刻的话不自觉地就冒了出来，结果往往是爽快一时却伤了和气。

有时别人并没什么大错，但不幸遇到你情绪不好，也可能遭到你尖锐的责备，结果当然更糟。同学不小心把你的铅笔盒碰翻了，你破口大骂，从他帮你捡东西开始一直骂到东西捡完。如果边上的同学早就习惯了你这种脾气还好一些，否则你会发现以后经常会遇到许多冷眼。

只要你不是无缘无故地责备别人，在你开口之前，别人总是处于一种被动的心理状态，因为他们感到自己做错了事，自责的心理能让他们安静地接受你的责备，但绝对不是任你处置，随你发泄。当你的责备已经到伤害他们自尊心的地步，那么自责心理就可能立即消失，并可能产生不快，而不快会发展成怨恨。服务行业有忌语，就是因为这些忌语不够礼貌，不够尊重顾客；而教师的忌语则是可能伤害学生自尊的话，作为老师千万不能对学生说这样的话，否则你原有的一点好意会被这种伤害冲得荡然无存。

朋友之间不能在责备对方时，老账新账一起算，把以前的不满都说出来，甚至以前已责备过的事情也提出来加以重复。朋友之间永远不要重复责备第二次，甚至责备越少越好。约翰博士说过："上帝本身也不愿论断人，直到末日审判的来临。"那么我们又何必如此呢？因此，你要帮助对方认识并改正错误，你要说服别人。从现在开始，就请记住这个原则：不要总是责备他人。

多在背后说他好

世上背后道人闲话的人不少，大家都很清楚，被说之人一旦知道便会火冒三丈，轻则与闲话者绝交，重则找闲话者当面算账。因此，人们都以此为戒，不要犯背后说他人闲话的忌讳。但是，背后说人优点却有佳效。

《红楼梦》中有这么一段描写：史湘云、薛宝钗劝贾宝玉做官为宦，贾宝玉大为反感，对着史湘云和袭人赞美林黛玉说："林姑娘从来没有说过这些混账话！要是她说这些混账话，我早和她生分了。"

凑巧这时黛玉正来到窗外，无意中听见贾宝玉说自己的好话，"不觉又惊又喜，又悲又叹"。结果宝黛两人互诉肺腑，感情大增。

在林黛玉看来，宝玉在湘云、宝钗、自己三人中只赞美自己，而且不知道自己会听到，这种好话就不但是难得的，还是无意的。倘若宝玉当着黛玉的面说这番话，好猜疑、好使小性子的林黛玉可能就认为宝玉是在打趣她，或想讨好她。

背后说别人的好话，远比当面恭维别人或说别人的好话效果明显好得多。不用担心，我们在背后说他人的好话很容易就会传到对方耳朵里去的。

赞美一个人，当面说和背后说所起到的效果是很不一样的。如果我们当面说人家的好话，对方会以为我们可能是在奉承他、讨好他。当我们的好话是在背后说时，人家会认为我们是出于真诚，是真心说他的好话，人家才会领情，并感激我们。假如我们当着上司和同事的面说上司的好话，同事们会说我们是在讨好上司、拍上司的马屁，从而容易招致周围同事的轻视。另外，这种正面的歌功颂德所产生的效果是很小的，甚至还会有起到反效果的危险。同时，上司脸上可能也挂不住，会说我们不真诚。与其如此，还不如在上司不在场时，大力地"赞美一番"。而我们说的这些好话，最终会传到上司耳中的。

有一位员工与同事们闲谈时，随意说了上司几句好话："梁经理这人真不错，处事比较公正，对我的帮助很大，能够为这样的人做事真是一种幸运。"这几句话很快就传到了梁经理的耳朵里，梁经理心里不由得有些欣慰和感激。而那位员工的形象，也在梁经理心里上升了。就连那些"传播者"在传达时，也忍不住对那位员工夸赞一番：这个人心胸开阔、人格高尚，难得！

在日常生活中，背着他人赞美他往往比当面赞美更让人觉得可信。因为你对着一个不相干的人赞美他人，一传十，十传百，你的赞美迟早会传到被赞美者的耳朵里。这样，你赞美的目的也就达到了。

在日常生活中，如果我们想赞扬一个人，不便对他当面说出或没有机会向他说出时，可以在他的朋友或同事面前适时地赞扬一番。

据国外心理学家调查，背后赞美的作用绝不比当面赞扬差。此外，若直接赞美的度不足会使对方感到不满足、不过瘾，甚至不服气，过了头又会变成恭维，而用背后赞美的方法则可以缓和这些矛盾。因此，有时当面赞扬不如通过第三者间接赞扬的效果好。

当你面对媒体时，适当地赞美你的同行是一种风度，也是一种艺术。

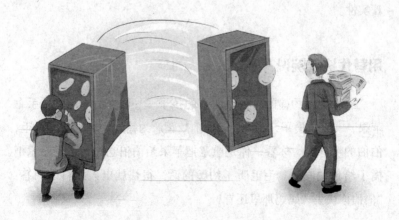

足球教练陈亦明为人爽朗，心直口快，极善处理与球员、官员、球迷以及媒体的关系。记者问陈亦明："张宏根和左树声都有执教甲 A 的资历，如何能成为你的助手？"陈亦明先以简明之言道出了"团结就是力量"这个道理，再道出："国内名气比我们大的不少。一个人斗不过，三个人组合就强大多了。张导是我的老师，左导是我的师兄弟，我们的组合可谓是强强联手，'梦幻组合'。"他的话令人不由得想到了当年集 NBA 所有高手的美国国家篮球队——梦之队的威风八面。其语既自我褒扬，又夸张、左二人，敷己"粉"而不显摆，赞他人又不显媚，将"自我标榜"及"赞美他人"的语言艺术发挥到了极致。

多在第三者面前去赞美一个人，是使你与那个人关系融洽的最有效的方法。假如有一位陌生人对你说："某某朋友经常对我说，你是位很了不起的人！"相信你感动的心情会油然而生。那么，我们要想让对方感到愉悦，就更应该采取这种在背后说人好话、赞扬别人的策略。因为这种赞美比一个魁梧的男人当面对你说"先生，我是你的崇拜者"更让人舒坦，更容易让人相信它的真实性。

用替代法委婉说"不"

有一次，约翰的一位好朋友的孩子——四岁的毛毛，一手拿苹果、一手拿橘子，跑到约翰面前炫耀。约翰故意逗他说："毛毛，伯伯的嘴好馋。你看，你是愿意把苹果给伯伯吃呢，还是愿意把橘子给伯伯吃？"毛毛听了约翰的话，很快就出人意料地回答："伯伯你快去，妈妈那里还有！"

啊，这小家伙的回答真是太绝了！他并没有直截了当地拒绝，但让人无法从他那里捞到一点油水，因为他想到了一个替代方案来拒绝别人。

这个例子，显示了替代方案的妙用。他没有正面表示拒绝，你也没有得到任何东西，彼此既不伤和气，也不会丢什么面子。

这种方法就叫替代法，是以"我办不到，你去拜托某某比较好"的说法，来转移给他人的做法。工作中常常会有人来请你帮忙，而你又因为种种原因不想插手，你应该怎么谈呢？

"我对电脑没办法，不过小王对电脑很熟，你去拜托他帮你看看怎么样？"

"我对计算工作最头大了，我记得小芸好像是二级会计师，她应该做得来！"

像这样搬出一位在这方面能力比自己强的人，然后要对方去拜托他就行了。

不只能力的问题，像下面这个例子中的场合也能适用。

"我如果要做这件事，恐怕要花掉不少时间。小范好像说他今天工作分量不怎么多！"

只有在大家都知道那个人的确比较胜任时才能用这招。

这个办法有一个问题，就是可能会招致那个被你"转嫁"的人的怨恨。想拜托你的人一定会说："是某某说请你帮忙比较好！"对方也就会知道是你干的好事。这么一来，那个人心里一定会想：可恶的家伙，竟然把讨厌的事推给我！

尤其当需要帮忙的工作内容是人人都不想做的事情的时候，惹来怨恨的可能性就更高。所以，最好在多数人都知道"某某事情是某某最擅长的"这样的场合才用此招。

当然，这一招不仅可以用在工作中，还能用在日常生活中。假如你抽不开身，实事求是地讲清自己的困难，同时热心介绍能提供帮助的人，这样，对方不仅不会因为你的拒绝而失望、生气，反而会对你的关心、帮助表示感谢。

婉言曲说成幽默

有些事直接发表自己的见解不太合适，容易让人误解或不愉快，婉言曲说是很好的方法，而且这种婉言曲说不同于修辞格里的委婉修辞方法，它是形成幽默的一种语言艺术。适当培养婉曲幽默的说话习惯，有时可以更好地处理人际关系。

王麻子是个极爱占小便宜的人，常常在别人家白吃白喝，吃完了上顿等下顿，住了两天住三天。一次，他在一朋友家里吃了三天后，问主人道："今天弄什么好吃的呀？"

主人想了想，说："今天我们弄麻雀肉吃吧！"

"哪来那么多麻雀肉呢？"

主人说："先撒些稻谷在晒场上，趁麻雀来吃时，就用牛拉上石磨一碾，不就得了吗？"

这个爱占便宜的人连连摇手说："这个办法不行，不等石磨过来，麻雀早就飞跑了。"

主人一语双关地说："麻雀是占惯了便宜的，只要有了好吃的，怎么碾（撵）也碾（撵）不走。"

现在我们谈论的"婉言曲说"的幽默法，可以说是"婉曲"的变格，它是说话人故意把所要表达的本意绕个圈子曲折地说出来，利用婉言来获得幽默效果。

克诺先生来到一个陌生的城市，走进一家小旅馆，他想在那儿过夜。

"一个单间带供应早餐要多少钱？"他问旅馆老板。

"不同房间有不同的价格，二楼房间15马克一天，三楼房间12马克一天，四楼10马克，五楼只要7马克。"

克诺先生考虑了几分钟，然后提起箱子就走。

"您觉得价格太高了吗？"老板问。

"不，"克诺回答，"是您的房子还不够高。"

一般说来，幽默应避免敌意和冲突，否则，幽默就会被减弱或者消亡。从这个意义上讲，婉言曲说最适合构成幽默。

一个法国出版商想得到著名作家的赞扬，借以抬高自己的身价。他想，要得到一个大人物的好感，必须先赞扬赞扬他。

这天，他去拜访一位知名作家。他看到作家的书桌上正摊着一篇评论巴尔扎克小说的文章，便说："啊，先生，您又在评论巴尔扎克了。的确，多少年来，真正懂得巴尔扎克作品的人太少了，算来算去，也只有两个。"

作家一听就明白了出版商的意图，便让他继续说下去。"这两个人，其中一个是您。可是还有一个呢？您说，他应当是谁？"

作家说："那当然是巴尔扎克自己了。"

出版商顿时像泄了气的气球，悻悻地走了。

出版商想求得知名作家的赞扬，故意登门拜访。作家呢，不好直接拒绝，就来了个婉言曲说。出版商把世间懂巴尔扎克作品的人确定为两个，一个，他自然要送给作家了；另一个，他是给自己预备的。但自己说出来那太没涵养，况且自己认可的东西并不一定能得到作家的赞同，还是启发作家说出来吧。由此，出版商一直沿着自己的设计和思路，准备着一种情感——他期待着作家的赞扬，让作家指出他是懂巴尔扎克作品的人。

作家并不回绝对方的话，因为那太扫人兴了。但是他有意漠视对方的"话外音"，一句答话让对方的期待栽了个大跟头，作家回答的是，另一个懂巴尔扎克的人是巴尔扎克自己。于是双方没戏唱了，只好散场。

凡有大成就者，向来都是舌吐方圆的专家，他们不仅擅长自己的一份事业，而且在待人接物上有着独到的迂回之术，他们能够在让人发笑的过程中不知不觉地加入自己的观点。

著名的法国钢琴家乌尔蒙年轻时，一天在弹奏拉威尔的名曲《悼念公主的孔雀舞曲》。因节奏太慢，正在听他弹奏的拉威尔忍不住对他说："孩子，你要注意，死的是公主，而不是孔雀。"

在这里，拉威尔将公主与孔雀这两种原来互不相干的事物出人意料地联系起来，使人们感到惊奇，并在笑声中意会到拉威尔话语的真正含义。

拉威尔对乌尔蒙的演奏"节奏太慢"，并不是采取直接批评的方式，而是采用婉转的暗示："死的是公主，而不是孔雀。"这样，演奏者首先得回味一下，拉威尔的话到底是什么意思？弄清楚了，便意识到自己处理作品中的失误。应该加快速度，快到什么程度呢？拉威尔的话给了提示，是孔雀舞曲。演奏者的脑海中定会浮现出美丽的孔雀翩翩起舞的英姿。拉威尔的旁敲侧击，使乌尔蒙明白了自己的问题所在。

幽默是一种高超的语言艺术，这种艺术是在婉言曲说中产生的。说话直的人不可能创造出幽默来。按部就班，一是一、二是二，实说实、虚说虚，没有任何发挥，就不可能碰撞出幽默的火花。

沉默有时是最好的说服方式

大家都认为，既是说服，当然就得凭借好口才。其实，偶尔采取沉默战术同样可以达到说服的效果。沉默可以引起对方注意，使对方产生迫切想了解你的念头。以下我们就来看看一个利用沉默成功说服的例子。

一家著名的电机制造厂召开管理员会议，会议的主题是"关于人才培育的问题"。会议一开始，山崎董事就用他那特有的声音提出自己的意见。

"我们公司根本没有发挥人才培训的作用，整个培训体系形同虚设，虽然现在有新进职员的职前训练，但之后的在职进修成效不明显。职员们只能靠自己摸索来熟悉工作，这很难与当今经济发展的速度衔接在一起，因而造成公司职员素质水平普遍低落、效益不高。所以我建议应该成立一个让职员进修的训练机构，不知大家看法如何？"

"你所说的问题的确存在，但说到要成立一个专门负责培训职员的机构，我们不是已经有 OJT（On the job Training 职员训练）了吗？据我了解，它也发挥了一定的功用，我认为这一点可以不用担心……"

"诚如社长所说，我们公司已经有 OJT 组织，但它是否发挥实际作用了呢？实际上，职员根本无法从中得到任何指导，只能跟着一些老职员学习那些已经过时的东西，这怎么能够让职员的业务水平迅速提升呢？而且我观察到，许多职员往往越做越没有信心、越做越没干劲。所以，我认为OJT的功能不明显，所以还是坚持……"

"山崎，你一定要和我唱反调吗？好，我们暂时不谈这个话题，会议结束后我们再做一番调查。"

就这样，一个月后，公司主管重新召开关于人才培训的会议。这次社长首先发言。

"首先我要向山崎道歉，上次我错怪他了。他的提案中所陈述的问题确实存在。这个月我对公司的OJT进行了抽样调查，结果发现它竟然未能发挥应有的功效。因此，今天召集大家开会是想讨论一下应该如何改变目前人才培育的方法，请大家尽量发表意见吧！"

社长的话一出口，大家就开始七嘴八舌地提出建议。令人奇怪的是，这一次山崎董事却始终一言不发地坐在原位，安静地聆听着大家的意见，直到最后他都没说一句话。

会议结束以后，社长把山崎董事叫进社长办公室。"今天你怎么啦？为什么一句话也不说？这个建议不是你上次开会时提出来的吗？"

"没错，是我先提出来的。不过上次开会我把该说的都说了，无非是想引起社长您对这个问题的重视罢了。现在目的已经达到，我又何必再说一次呢？不如多听听大家的建议。"

"是吗？不错，在此之前我反对过你的提议，你却连一句辩解也没有。今天大家提出的各种建议都显得很空洞，没有实际意义，反倒是你的沉默让我感到这个问题带来的压力。这样吧，这件事就交给你去办好了！从今天起，由你全权负责公司的人才培训工作。请好好努力吧！"

在特定的环境中，缄默常常比论辩更有说服力。我们说服人时，最头痛的是对方什么也不说。反过来，如果劝者什么也不说，对方的错误意见就找不到市场了。

不同的缄默方式有不同的作用，运用时必须恰到好处。

咄咄逼人的缄默能使人不攻自破。有一个出生在有一定教养家庭的小学生，一天他拿了同学的一件好玩具。回家后，他装出一副若无其事的样子，同往常一样笑吟吟地说："妈，我回来了！"缄默。"姐，我饿了。"缄默。"怎么了？"缄默。"我没做错事啊？"也是缄默。他觉得妈妈眼睛瞪着他，姐姐背对着他，全家都冷冰冰地对待他。他终于不攻自破了："妈、姐，我错了……"

平平淡淡的缄默能发人深省：有些人态度很积极，但发表意见时不免有些偏颇，直截了当地驳回又易挫伤其积极性，循循诱导又费时，精力也不允许，最好的办法便是平平淡淡的缄默。他说什么，你尽管听，"嗯""啊"……什么也不说，等他说够了，告辞了，再用适当的不带任何观点的中性词和他告别："好吧"或"你再想想"。别的什么也不说。如此，他回去后定然要好好想想：今天谈得对不对？对方为什么不表态？错在哪里？也许他会向别人请教，或许会自己悟出真谛。

转移话题的缄默能使人乐而忘求：对要回答的问题保持缄默，而选准时机谈大家的热门话题并引人入胜，使对方无法插入自己的话题，且从谈话中悟出道理，检讨自己。

长时间的缄默能使人就范：某领导有一次交代下属办一件较困难的任务，当然，他能胜任。交代之后，对方讲起了"价钱"。于是该领导长时间地保持缄默，连哼也不哼。困难如何大、条件如何差、时间如何紧……说着说着他就不说了，最后说了一句：

"好，我一定完成。"

沉默是金，有时沉默不语能够出奇制胜，如果滔滔不绝有时反而有理说不清。

有时候，在沉默的同时以另一种行动的方式来代替口头表达，说服的效果会更好。

就拿领导来说，其行动对他的部下必然会产生很大影响，因此，领导要有身先士卒、上最前线的风范，以推动工作的开展。

建立起"西武王国"的堤康次郎曾经多次教育他的儿子——长大后成为日本西武铁路公司总裁的堤义明：

"要让职员们跟随你，你必须比别人多干三倍的工作。"

堤康次郎是以他的经验教育经营者应该具有的态度，这句话同样适合任何一位担任领导和主管工作的人。

想要别人做到的，首先要自己带头去做，否则不但说服起不了什么效果，部下也不会服从。"比别人多干三倍的工作"比使用任何语言都更具说服力。

身体力行是说服部下的先决条件。

光说不干，指手画脚，是绝不可能充分说服部下开展工作的。俗语说得好："说一千，道一万，不如自己干一干。"自己率先实干的态度，比对部下讲大道理更具说服力。此种无言的说服是最好的说服。

掌握技巧，化解纠纷

人们在工作、生活中难免会发生这样那样的矛盾。当矛盾进一步激化时，作为第三方，站在一个特殊的位置上，你是左右为难的；袖手旁观，矛盾会更扩大，大家都不好处。

调解他人的纠纷实在是个非常棘手的问题，如果处理不当的话，就很可能在你的身边埋下一颗定时炸弹。因此，在调解他人的纠纷时一定要讲究技巧，遵循一定的原则。"和稀泥"也要和出个样子来。

首先，调解他人的纠纷时要考虑自己的角色，即你与他人之间的关系，摆正了这种关系才能正确地调解纠纷。

调解矛盾还可以采取一种方法：不对矛盾的双方进行批评、指责，相反，分别赞美争执的双方，肯定他们各自的价值，使他们感到再争执下去只会损害自己的形象，因而自觉停止争吵。

星期天，小陈一家包饺子，婆婆擀饺子皮，小陈夫妻俩包。不一会儿，儿子从外面跑进来："我也要包。"

婆婆说："大刚乖，去洗了手再来。"

儿子没挪窝，在一旁蹭来蹭去。妻子叫："蹭什么！还不去洗手，弄得一身面粉，我看你今天要挨揍。"

"哇——"五岁的大刚哭起来。

"孩子还小，懂什么？这么凶，别吓着他！"婆婆心疼孙子了。

"都五岁了还不懂事。管孩子自有我的道理，护着他是害他！"

"谁护着他了，五岁的孩子能懂个啥，不能好好说吗？动不动就吓他！"

小陈一看，自己再不发话，"火"有越烧越旺之势，便说："再说，今天这饺子可就要咸了哟！平日里，街邻、朋友都说我有福气，羡慕我有一个热情好客、通情达理的母亲，夸奖我有一位事业心强、心直口快的妻子，看你们这样，别人会笑话的，都是为孩子好。大刚，还不快去让奶奶帮你洗洗手，叫奶奶不要生气了。"又转向妻子："你看你，标准的'美女形象'，嘴噘得都能挂十只桶了。生气可不利于美容呀！"妻子被他逗乐了。那边，母亲正在给孩子擦着身上的面粉，显然气也消了。

讲述纠纷双方可引以为豪的一面，唤起其内心的荣誉感，也可使其自觉停止争吵。

夫妻之间的争吵总是在发生，作为亲朋好友夹在其中，不能不说是一件尴尬难处的事，坐视不理是不可能的，这容易使双方积怨加深，妨碍家人的正常生活。缩小争端本身的严重性，使一方或双方看淡争端，从而缓和情绪，平息风波，这才是解决问题的办法。

某厂一对新婚不久的夫妻因家庭小事闹矛盾，女方一气之下跑到娘家哭诉告状，说男方欺负她。哥哥听罢心想：妹妹结婚不久就遭妹夫欺负，日后还有好日子过？于是气愤地扬言要去教训妹夫。这时，父亲充当起"和事佬"来，他首先对儿子说：

"教训他？别冲动！教训他就能解决问题吗？再说，他家又不在厂里，一个人孤立无援的，你去教训他，旁人岂不要说闲话？好了，妹妹自己家里的小事，用不着你操心，还有我和你妈呢。你多管些自己的事吧。"

待儿子息怒离开后，父亲又劝慰女儿说：

"别哭了，又不是什么大不了的事。都结婚出嫁了，还要小孩子脾气，多丢人。小夫妻哪有不吵架的？当初我和你妈就常吵闹呢。不过，夫妻吵架不记仇，夫妻吵架不过夜。你不要想得太多，日后凡事要大度些，不要像在娘家那样娇气任性。好了，快点回去，不要让他到这里来找你，他是个不错的小伙子。家丑不可外扬，以后丁点儿小矛盾不要动不动就往娘家跑。"

女儿点头止哭，像没事一样回她的小家去了。

夫妻吵架本是稀松平常的事，而当事人本身却认为事情很严重。因此，父亲在劝慰女儿的过程中始终强调夫妻闹别扭只是"丁点儿"小事情，促使女儿把争端看得淡一点。女儿在冷静思考之后，认同了父亲的看法，想通了，气也自然消了。

生活中，家庭矛盾时有发生，夫妻之间难免出现磕磕碰碰、吵吵闹闹甚至大动干戈的事。夫妻吵嘴打架后，妻子往往回娘家诉苦。对此，娘家人劝架不能偏听偏信，让矛盾升级，应该劝双方多作自我批评，从而化解矛盾，达到新的和睦。以下是娘家人劝架中的五忌。

一是忌偏袒女儿。女儿是娘身上的肉，谁动她一根毫毛就对他不客气，劝架处处偏袒护短，把女婿说得一无是处，让其无地

自容而后快，以警告女婿娘家人不好惹；明明是女儿不对，却以长辈自居，强词夺理。这样做，会助长女儿的不良习性，埋下长期争吵的祸根，增加女婿的厌恶心理，轻则闹得家庭不和，重则导致家庭破裂。

二是忌火上浇油。只要诚恳规劝，完全可以唤起双方的自责心理，从而平息矛盾。如果娘家人坚持小题大做，硬要对方认错，不但无助于解决问题，反而会使其肝火更旺。

三是忌倾巢出动。在听到女儿一面之词后，不分青红皂白，娘家人男女老少齐动员，上男方家"说理""算账"，造成大军压境的局面。这样人多火气旺，很容易将小事闹大，不但于调解无补，反而激化矛盾，破坏夫妻感情。万一男方翻脸不认人，势必引起一场争斗，夫妻感情的裂痕就无法弥补。

四是忌拒之门外。女儿回娘家是为了暂时躲避矛盾，以感化丈夫回心转意，也是为了得到娘家人的谅解和帮助。作为娘家人应当热情迎接，细心开导，否则，极易使女儿产生孤独感，弄不好会酿成悲剧。女婿登门，是求女方及其家人的谅解，用实际行动认错，更应笑脸相迎，诚恳待婿，不可拒于千里之外，使女婿憎恨，激化夫妻矛盾。

五是忌留女久住。明智的娘家人只留女儿小住，并劝她尽早回到丈夫身边，以免造成更大的裂痕。

人们在生活中难免会发生各种各样的矛盾，并由于这些矛盾的激化而产生纷争。面对那些激愤的吵架者，一定要掌握一些调解的技巧，有效地平息纠纷。

紧张时刻用玩笑化解

说笑能极大地缓解尴尬气氛，甚至在笑声中这种难堪场面会瞬间消失，以至人们很快忘却。

萧伯纳有一次遇到一位胖得像酒桶似的牧师，他跟萧伯纳开玩笑说："外国人看你这样干瘦，一定认为英国人都在饿肚皮。"萧伯纳谦和地说："外国人看到你这位英国人，一定可以找到饥饿的根源。"要用幽默来回敬对方。幽默感是避免人际冲突、缓解紧张的灵丹妙药，不会造成任何损失，不会伤及任何人。

如果活动中出现尴尬局面，说句调笑的话更是使双方摆脱窘迫的好办法。例如，两个班级联欢，男女舞伴第一次跳舞，由于一方的水平低发生了踩脚的情况，说"没关系"这样礼貌的话可能还会加重对方的紧张，如果用一句"地球真小，我俩的脚只能找一个落点了"，可使双方欢笑而心理放松。

尴尬是在生活中遇到处境窘困、不易处理的场面而使人张口结舌、面红耳赤的一种心理紧张状态。在这种时候，人们感觉比受到公开的批评还难受，会引起面孔充血、心跳加快、讲话结巴等。主动讲个笑话逗大家笑，绝对是减轻该症状的良方，尤其是在很多人看着你的时候。

苏联著名女主持人瓦莲金娜·列昂节耶娃有一次向观众介绍一种摔不破的玻璃杯，准备时几次试验都很顺利，谁知现场直播时竟出了意外，杯子摔得粉碎。这时，成千上万的观众正看着屏幕。她灵机一动，说："看来发明这种玻璃杯的人没考虑我的力气。"幽默的语言一下子就使她摆脱了窘境。

一位演说家对听众说："男人，像大拇指（做手势）；女人，像小指头儿……"话未说完，全场哗然，女听众们强烈反对他的比喻，他没法再讲下去了。怎么办？他立刻补充说："女士们，大拇指粗壮有力，而小手指则纤细、灵巧、可爱。不知哪位女士愿意颠倒过来？"一句话平息了女听众的愤怒，一个个相视而笑。

夫妻之间吵吵闹闹是常有的事，有的小打小闹就过去了，可有的气得决心分家。这种时候，只要你能把对方逗笑，僵局自然就被打破了。

约翰先生下班回家，发现妻子正在收拾行李。"你在干什么？"他问。"我再也待不下去了，"她喊道，"一年到头老是争吵不休，我要离开这个家！"约翰困惑地站在那儿，望着他的妻子提着皮箱走出门去。忽然，他冲进房间，从架上抓起一只皮箱，也冲向门外，对着正在远去的妻子喊道："等一等，亲爱的，我也待不下去了，我和你一起走！"怒气冲天的妻子听到丈夫这句既可笑又充满对自己爱心和歉意的话，就像气球被扎了一个洞，很快气就消了。

当约翰的妻子抓起皮箱，冲出门外之时，我们不难想象，约翰是多么难堪、焦急！但他既没有苦劝妻子留下，也没有做任何解释、开导，更没有抱怨和责怪，而是说："等一等，亲爱的，我也待不下去了，我和你一起走！"这哪像夫妻吵架，倒像一对恩爱夫妻携手出游。约翰这番话，以谐息怒，不但让妻子感到好笑，而且还会让妻子体会和理解丈夫是在含蓄地表达自己对她的爱心和歉意，以及两人不可分离的关系。听到这番话，妻子怎能不回心转意呢？

恐怕谁都有当众滑倒的经历，每每回想起来都会感到脸红。摔倒的场面总是很滑稽，难免会引得大家笑，你不妨用一种荒诞的逻辑将这种尴尬变成有利因素，从而自然大方地从困境中解脱出来。

1944 年秋，艾森豪威尔亲临前线给第二十九步兵师的数百名官兵训话。当时，他站在一个泥泞的小山坡上讲话，讲完后转身走向吉普车时突然滑倒。原来肃静严整的队伍轰然暴响，士兵们不禁捧腹大笑。面对突发情况，部队指挥官们十分尴尬，以为艾森豪威尔要发脾气了。岂料，他幽默地说："从士兵们的笑声看来，可以肯定地说，在我与士兵的多次接触中，这次是最成功的。"

话不投机，及时转弯

在日常生活和社会交往中，尤其是在比较正式的场合，如聚会、会议等常会出现冷场现象，彼此都尴尬。冷场，在人际关系中，无疑是一种"冰块"。打破冷场的技巧，就是及时融化妨碍交往的"冰块"。

谈话者之间存在以下几种情况时，最容易因"话不投机"而出现冷场：

（1）彼此不大相识；

（2）年龄、职业、身份、地位差异大；

（3）心境差异大；

（4）兴趣、爱好差异大；

（5）性格、素质差异大；

（6）平时意见不合，感情不和；

（7）互相之间有利害冲突；

（8）异性相处，尤其单独相处时；

（9）因长期不交往而比较疏远；

（10）均为性格内向者。

谈话出现冷场，双方都会感到尴尬。只要谈话者掌握了破"冰"之术，及时根据情境设置话题，冷场是很容易被打破的：

A 要学会拓展话题的领域

开始第一句话要注意的是使人人都能了解，人人都能发表看法，由此再探出对方的兴趣和爱好，拓展谈话的领域。如果指着一件雕刻说"真像某某的作品"，或是听见鸟唱就说"很有门德尔松音乐的风味"，除非知道对方是内行，否则不仅不能讨好，而且会在背后挨骂的。

如果不知道对方的职业，就不可随便问他，因为社会上免不了有人会失业，问他的职业无异于逼迫他自认失业，这对自尊心很强的人来说是不太好的。如果你想开拓谈话的领域而希望知道他的职业，只能用试探他的方法："先生常常去游泳吗？"如果他说"不"，你就可以问他是否很忙："每天上哪儿消遣最多呢？"接下来探出他是否有固定工作。如果他回答"是"，你便可加上一句问他平时什么时候去游泳，从而判断他有无职业。如果他说是星期天或每天下午五时以后去，那无疑是有固定工作。

确定了别人有工作，才可问他的职业，这样就可以谈他的工作范围内的事情。如果不知对方有没有职业，或确知对方为失业者，那么还是谈别的话题为佳。

B 风趣地接、转话题

在谈话中善于抓住对方的话题，机智巧接答，可以使谈话变得风趣，从而使谈话活跃起来。有一个典型的例子：当我们夸奖对方取得的成绩时，总能听到这样的回答："一般、一般。"倘若我们不接着话茬儿说下去，就有点赞同对方的"一般"说法的意思，达不到接话说的目的。可以这样回答："'一般'情况尚且如此，那'二般'情况就可想而知了。"言外之意是说："你一般的情况才如此的话，我'二般'的情况就更不值得一提了。"这类搭茬儿，一般是采用谐音、双关的手法，接住对方的话茬儿，做风趣的转答。

巧妙地接答对方的话茬儿，可以把原来的话题引向另一个话题，使谈话转变一个角度继续进行下去。

刘某是公司负责某一地区的销售业务员。公司为了加强和客户之间的联系，特举办了一年一度的"联谊会"。公司安排刘某在会议期间陪同他的客户顾某。他们路过一家商场，谈起了商场销售情况。末了，顾某深有感触地说："现在，市场竞争够激烈的。"刘某接过他的话茬儿说："就是。在你们单位工作的业务员也不少吧？"就这样刘某既把话题延伸下去，同时又把话题转向有利于自己的方向。

C 适时地提一些引导性的话题

提出引导性话题，可以给他人留下谈话时间和空间，特别是对于那些不善于当众讲话的人。这些话题可以根据对方的性格特点、兴趣爱好、职业性质等方面来设置。比如："近来工作顺利吧。""听说你最近有件高兴的事，是什么呢？""前一阵我见到你的孩子，学习怎么样？"先用这些听起来使对方温暖的话寒暄一下，便于开展谈话。对于那些在公司上班的人，可以探问对其公司的日常规则的看法，例如："你们公司每周都要举行升旗仪式，之后还要做早操、召开例会，你怎么看？"引导性话题应该注重可谈性和可公开性。对学文的不宜谈深奥的理科的问题，反之亦然。不宜在公开场合触及个人隐私，或者是背后议论他人等等。如果引导性话题过于敏感，或者不是对方的兴趣爱好，或者过于深奥，超出了对方的知识结构，对方也许不愿说，也许真的无话可说。提出这类话题，目的是让对方开口讲话，如果不能让对方讲，那还有什么意义呢？

第六章

办事习惯：习惯关系成败，大行也须顾细谨

以外表打动别人

我们在看到别人的第一眼时，都希望别人能够打动自己；同样地，我们更希望自己也能打动别人，这点对求人办事是很重要的，如果我们能够打动别人，那么对方很自然地就会帮助我们。反之，如果让别人看我们一眼就不想看第二眼，那事情很难再有指望了。所以，我们在注重提升内涵的同时，也应该培养良好习惯，打造好的外在形象。

俗话说："相由心生。"这句话的意思是说我们的容貌是在父母给的基础上自己塑造的，难怪林肯说："一个男子40岁后就必须为自己的脸负责了。"

人人都希望看到也希望拥有动人的容貌，从古至今都是如此。人们往往都是很重外表形象的，殊不知很多人都会下意识地把一些正面的品质加到外表漂亮的人身上，像聪明、善良、诚实、机智等等。更有甚者，当我们做出这些判断时，我们一点也没有觉察到外表在这个过程中所起到的作用。这种趋势可能导致的后果是非常令人不安的。

例如，有人曾对1974年加拿大联邦政府选举的结果进行研究，后来他们发现，外表有吸引力的候选人得到的选票是外表没有吸引力的候选人的2.5倍。尽管有明显的证据表明英俊的政治家有很多优势，一个随后的研究却表明投票人并没有意识到自己的偏见。事实上，有 73% 的加拿大选民强烈否认他们的投票决定受到了外表的影响，只有 14% 的人承认也许有这个可能性。不管投票人怎么否认外表的吸引力对选举结果的影响，有源源不断的证据表明，这种令人担忧的倾向的确是一直存在的。

再比如 1960 年，尼克松与肯尼迪之争中，年轻、英俊、风流倜傥的肯尼迪浑身散发着领袖的魅力，他看起来坚定、自信、沉着，不仅能够主宰美国的政坛，而且能平衡世界的局面。当他提出"不要问国家能为你做什么，问一问你能为国家做什么"的口号时，在以"自我"为中心的国度里激起了美国人民上下一致的爱国热潮。他不仅满足了美国人梦中理想的领袖形象，而且创立了领袖形象的最高标准。

同样地，1980 年与里根竞选总统的杜卡基斯，无论外表还是声音，无论演讲还是表演，均在英俊、高大、富有感召魅力的里根的衬托下，越发显得"不像个领袖"。而演员出身的里根通过自己的微笑、声音、手势、服装及高超的演技，表现出一个具有迷人魅力的领袖形象，从而掩盖了他在知识和智力上的不足。

几十年过去了，肯尼迪的形象一直让人难以忘怀，使很多政治家黯然失色。30 年后，克林顿再度让美国人民旧梦重温。受到肯尼迪的影响，克林顿从小立志从政，他以肯尼迪为榜样，仪态、举止处处满足美国人渴望的总统形象，终于成为美国总统。

可见，形象就是一种魅力，运用形象的魅力是杰出领袖的智慧之一。形象所产生的巨大领导力和影响力使世界上成功的巨人们无不在乎自己的形象。

在求人办事时，形象同样具有重大的意义。有一个例子就很能说明问题。1999 年，在中国网络腾飞时代，一位华裔英国投资商到了北京的中关村，和一位电脑才子会谈投资。事后，他说："我怎么也不能相信头发如干草、说话结巴的人会向我要 500 万美元的投资，他的形象和个人素养都不能让我信服他是一个懂得如何处理商务的领导人。"当然，谈判结果可想而知。

所以在办事前，先把自己的仪表、形象修饰好。"欲把西湖比西子，淡妆浓抹总相宜。"只有掌握了修饰美的"修饰即人"的指导思想及"浓淡相宜"的美学原则，才能使美的修饰映照出一个人蓬勃向上的精神风貌，才能帮助我们提高办事能力。

"修饰即人"是说修饰美能反映一个人的追求及情趣。《小二黑结婚》里的"三仙姑"，醉心于"老来俏"，可是，"宫粉涂不平脸上的皱纹，看起来好像驴粪蛋上下了霜"。这样的打扮如果说是跟她的年龄、身份不符的话，那么这和她这个人物的那种虚荣、轻浮和愚昧的人格倒是挺相称的。美的修饰要考虑被修饰者的年龄、身份、职业等，教师、医生就不宜打扮得过艳，学生应当讲究整洁。

"浓淡相宜"是说修饰不能片面追求某一局部的奇特变化，而应注意统一协调，否则会失去比例平衡，以至于俗不可耐，弄美为丑。一个人如果想受人尊敬，首先必须注意的是衣着的整齐清洁，让人觉得自己为人端庄、生活严谨。况且化妆的本意是为了掩饰缺点以表现优点，所以，如果为了掩饰缺点而化妆过浓时，优点反而被破坏无遗。因此，欲将良好的风度、气质呈现在众人面前，应持淡雅宜人的化妆，不可把脸当作调色盘，不可把身体当作时装架，这就是所谓有个性的妆饰。它是在表现本身的修养，同时也表现人格，因此必须使看的人感到清爽和产生好感才行。

这样，你再去找人办事时，自然就会留给别人一个深刻的印象，会为你的成功办事增"辉"不少。

举止娴雅容易获取好感

举止是一个人自身素养在生活和行为方面的反映，是反映一个人涵养的一面镜子，也是影响办事效果的一个重要因素。我国古代对人体的姿态和举止就提出了"站如松、坐如钟、行如风"的审美要求。正确而优雅的举止，可以使人显得有风度、有修养，给人美好的印象；反之，则显得不雅，甚至失礼。现实生活中，我们经常碰到这样的人：他们或是仪表堂堂，或是漂亮异常，然而一举手、一投足，便表现出粗俗。所以，在社会交往活动中，要想给对方留下美好而深刻的印象，外在的美固然重要，而高雅的谈吐、优雅的举止等内在涵养的表现，则更为人们所喜爱。这就要求我们应当从举手投足等日常行为方面有意识地锻炼自己，养成良好的站、坐、行姿态，做到举止端庄、优雅得体、风度翩翩。

人们经常会有这样的体验，那就是喜欢某个人，往往不是喜欢对方漂亮的外表，而是为对方散发的气质所吸引。这也正应了那句话："一个人的真正魅力主要在于特有的气质。"例如，20 世纪 80 年代，中国青年女性大多喜欢日本影星高仓健。他之所以受女性青睐，就是因为他塑造的人物身上所表现出来的那种男子汉的刚毅、坚强、勇敢的特有气质。

所谓气质美，主要是表现在言行举止上的，一举手、一投足，说话的表情，待人接物的分寸，皆属此列。朋友初交，互相打量，立刻产生好的印象，这个好感除了言谈之外，就是气质的潜移默化。

说一个人气质高雅，突出的表现就在于：仪表修饰得体，言辞幽默不俗，态度谦逊，接人待物沉着稳定、落落大方、彬彬有礼，让人一见而肃然起敬。站在这样的人面前，如同走进典雅的殿堂，令人自然脱去几分俗气，平添几分庄重。

气质高雅的人很受人尊重、喜欢，大家都认为这样的人办事稳重，有分寸，有高度的责任感。所以，许多大公司经常委派这样的人员负责公关部的接待工作，用以树立公司的形象，赢得客户的信赖与合作。拥有这种气质类型的人，在工作中业绩往往比较突出。因为这种气质给人的感觉是诚恳、实在、不虚妄，容易让人产生信任感。信任人同信任产品一样重要，人们接受你的产品，首先要接受你这个人。

下面就是举止礼仪的基本要求，希望会对你有所提示与帮助。

1. 站如松

所谓站如松，主要是指站姿要正要直。人的正常站姿，也就是人在自然直立时的姿势。其基本要求是：头正、颈直，两眼向前平视，嘴唇微闭、下颌微收；双肩要平，微向后张，挺胸收腹，上体自然挺拔；两臂自然下垂，手指并拢自然微屈，中指压裤缝；两腿挺直，膝盖相碰，脚跟并拢，脚尖张开；身体重心穿过脊柱，落在两脚正中。从整体看，形成一种优美挺拔、精神饱满的体态。如果不注意自己的站姿，就会使躯体产生一种习惯性畸形，常见的畸形有含胸、脊柱后弯、凸胸腆肚、探颈、视线高而鹅步、扣肩驼背，造成缩颈耸肩、胸部发育不良、臀部肌肉下垂、膝盖突出、站立重心偏移，易产生塌腰、拱臀、O形腿等。

在站立时，切忌无精打采地东倒西歪，耸肩勾背，或者懒洋洋地倚靠在墙上、桌边或其他可倚靠的东西上，这样会破坏自己的形象。站立谈话时，两手可随谈话内容适当做些手势，但在正式场合，不宜将手插在裤袋里或交叉在胸前，更不要下意识地做小动作，如摆弄打火机、香烟盒，玩弄衣带、发辫，咬手指甲等。这样，不但显得拘谨，给人缺乏自信和经验的感觉，而且也有失庄重。

2. 坐如钟

所谓坐如钟，是指坐姿要端正。人的正常坐姿，在其身后没有任何依靠时，上身应挺直稍向前倾，头平正，两臂贴身自然下垂，两手随意放在自己腿上，两腿间距与肩宽大致相等，两脚自然着地。背后有依靠时，在正式社交场合，也不能随意地把头向后仰靠，显出很懒散的样子，这就是我们常说的"坐有坐相"。在日常生活中，我们不可能处处这样端庄稳重。但是，为了保证坐姿的正确优美，你还是必须注意以下几点：一是落座以后，两腿不要分得太开，这样坐的女性尤为不雅。二是当两腿交叠而坐时，悬空的脚尖应向下，切忌脚尖向上，并上下抖动。三是与人交谈时，勿将上身向前倾或以手支撑着下巴。四是落座后应该安静，不可一会儿向东，一会儿向西，给人一种不安分的感觉。五是坐下后双手可相交搁在大腿上，或轻搭在沙发扶手上，但手心应向下。六是如果座位是椅子，不可前俯后仰，也不能把腿架在椅子或沙发扶手上、架在茶几上，这都是非常失礼的。七是端坐时间过长，会使人感觉疲劳，这时可变换为侧座。八是在社交和会议场合，入座要轻柔和缓，直坐要端庄稳重，不可猛起猛坐，弄得坐椅乱响，造成紧张气氛，更不能带翻桌上的茶杯等用具，以免尴尬被动。总之，坐的姿势除了要保持腿部的美以外，背部也要挺直，不要驼背，含胸曲背。座位如有两边扶手时，不要把两手都放在两边的扶手上，给人老气横秋的感觉，而应轻松自然、落落大方，才显得文静优美。

3. 走姿优美

行走的姿势是行为礼仪中所必不可少的内容。每个人行走总比站立的时候要多，而且行走一般是在公共场所进行的，所以，要非常重视行走姿势的轻松优美。

走路时，两只脚所踩的是一条直线，而非两条平行线。特别是女性走路时，如果两脚是分别踩着左右两条线走路，是不雅观的。此外，走路时，膝盖和脚腕都要富于弹性，两臂应自然、轻松地摆动，使自己走在一定的韵律中，显得自然优美，否则就会失去节奏感，显得非常不协调，看起来会很不舒服。正确的走路姿势应是：轻而稳，胸要挺，头抬起，两眼平视，步度和步位合乎标准。

4. 不要将烟蒂到处乱丢

有些吸烟者往往不注意吸烟对别人所造成的不便，他们不了解，不吸烟者除了害怕烟味会引起呛咳外，还讨厌随风吹散的烟灰，有时带有余烬的烟蒂还容易引起事故。这些都使不吸烟者有一种自发的抵制吸烟的情绪，所以，如果吸烟者随意处置吸剩的烟头，将它们丢在地上用脚踩灭，或随手在墙上甚至窗台上按灭等，都是很令人讨厌的。对此，必须自觉加以纠正。

5. 要防止发自体内的各种声响

生活经验告诉我们，任何人对发自别人体内的声响都不太喜欢，甚至很讨厌，诸如咳嗽、喷嚏、哈欠、打嗝、响腹、放屁等等。所以，当出现这种情况时正确的做法就是用手帕掩住口鼻以减轻声响，并在打过喷嚏后向坐在近处的人说声"对不起"以表示歉意。但是，有的是因习惯造成的，比如，有些人在大庭广众之下，不断地打哈欠或者连连放屁，竟然也不脸红。像这样就是很不好的习惯，应当注意改正。

6. 喜怒哀乐要深沉有度

每个人都会有喜怒哀乐，但是在公共场合中，个人的喜怒哀乐不仅代表自己的情绪，而且还将影响公众的情绪，因此，要有理智地加以控制。

在社交场合，人们不仅要注意自己的举止风度，而且更应该从理想、情操、思想学识和素质上努力完善自己，使外在举止风度美的绚丽之花开在内在精神美的沃土之上。

"桃李不言，下自成蹊。"举手投足间尽显迷人风采的人们必然会以其优美的举止言谈、高尚的品德情操，赢得更多人们的喜爱，从而拥有更为丰富的人脉资源。当然，找人办事也就能顺利通畅了。

一诺千金赢得办事信誉

戴尔·卡耐基曾经说过："任何人的信用，如果要把它断送了都不需要多长时间。就算你是一个极谨慎的人，仅需偶尔忽略，多么好的名誉，便可立刻毁损。所以养成小心谨慎的习惯，实在重要极了。"

孔子也说："人无信不立。"信誉是个人的品牌，是个人的无形资产。然而，人生最大的挫败之一，就是具有了欺骗和说谎的本领。这点在商人身上表现得最为明显。

古书《郁离子》中曾说，有人说商人是重财而轻命的人，开始我还不相信，现在我才知道真有这样的人。孟子也说，对于商人重利轻信的固有习性和做法不能不谨慎小心。因此，作为商人在办事时要符合常规的道德标准。

纵观渐趋合理竞争的商业市场，信誉之战已成为企业生存的生死之战，取信于民成为企业发展的重要手段，"重口碑，这很重要，凡是应承的，一定都要做到"。这是作为商人所必须做到的。

翻阅美国商业史，我们可以看出，50 年以前生意兴隆的大商店，到今日依然存在的，真是寥若晨星。那些商店在当时如雨后春笋，生机勃勃，但它们刊登各种欺人的广告，做各种骗人的勾当，而且这种风气盛极一时。然而，它们当时一点也没有意识到这样做的寿命是不能长久的，因为这种行为缺少人格、信用做后盾。它们没有意识到这种行为终究是不可靠的，它们虽能一时欺骗得逞，但这种欺骗不久是要被发现的。结果是它们自己被顾客冷落，以致衰微而终告失败。

还有什么比让别人都信任你更宝贵的呢？有多少人信任你，你就拥有多少次成功的机会。成功的大小是可以衡量的，而信誉是无价的。用信誉获得成功，就像用一块石头换取同样大小的一块金子一样容易。

一个言行诚实的人，因为自己感到有正义公理作为后盾，所以他能够毫无愧色，从不畏缩地面对别人。

1968 年，日本商人藤田田接受了美国油料公司定制餐具 300 万个刀与叉的合同。交货日期为当年 9 月 1 日，在芝加哥交货，要做到这一点就必须在 8 月 1 日由横滨发货。

藤田田组织了几家工厂生产这批刀叉，由于他们一再误工，预计到 8 月 27 日才能完工交货。由东京海运到芝加哥必然误期。

藤田田就租用泛美航空公司的波音 707 货运机空运，交了 3 万美元空运费，货物及时运到。虽然损失极大，但赢得了客户的信任，维持了良好的合作关系，并维护了信誉。

像藤田田这样的著名日本企业家，将信誉看成企业的唯一生命，似乎理所当然，然而，像未万春这样的个体户为了维护信誉而自甘损失，这样的举动就更令人钦佩了。

无论如何，凡事应该以信誉为基础，只有具备了信誉这一良好的资本，你才能被人信赖，才能在办事时游刃有余，有更大的发挥空间。

有些人虽然非常重信誉，但找不到一些表现的方法，这时你不妨试试下面的几种做法。

1. 提前五分钟到约会地点，可表现你的诚意

守时是每个人都应具备的美德，经常迟到会留给人毫无诚意的印象。因此，如果是你提出的约会，请比约定时间早五分钟到达目的地，这一点很能表现你的诚意。即使你是准点到达，如果对方已经在等你，对方心里会想："是你提出的约会，自己还比我晚到。"这样，你的诚意就大打折扣了。此外，你要比对方早到的话，可以先熟悉一下周围的环境，酝酿一下和对方见

面时的话题，准备充分才能顺利达到办事的目的。

2. 直说自己的不利，表现你的责任感

一般人在碰到不利于自己的事情或想提出什么要求时，往往先做一大堆铺垫，拐弯抹角地先讲很多和主题无关的话，最后才说出自己的本意，这种做法会使对方觉得你毫无诚意。如果你不说任何开场白，直接地表明你自己的意图：道歉或要求，这样不但不会引起对方的反感，反而会使人觉得你有责任感和诚意。

3. 不懂时直说，不要装懂

有时候，为了隐藏自己的弱点和无知，人们喜欢摆出一副不懂装懂的姿态，殊不知这样反倒会给人一种浅薄的感觉。如果你对不懂的事情坦率地说不知道，可以成为一种有效的表现自我的方式，因为坦率本身就会给人一种强烈的印象，认为你有诚意。除此之外，从某种角度来看，你还具有一种敢于承担责任的自信。

4. 给对方出乎意料的道歉，会给对方留下诚实的印象

当对方的错误给自己带来麻烦或造成伤害时，都希望对方向自己道歉，并且有一个衡量其诚意的标准，即期望值。如果你的期望值为十分，对方却只给你五分的道歉，你就会认为这个人毫无诚意，内心对他的反感反而会增加。如果你只抱着五分的期待，而对方给了你十分的道歉，大大超出你的期待，你会由衷地感到对方确实诚实可信，心中的不快也就消失得无影无踪了。因此，由此及彼，当你错了，不妨借鉴这种方法，给予对方超出他期望值的道歉，你的诚意会给他留下深刻的印象。

5. 稍微表露自己的不足，会让人觉得你很诚实

维纳斯之所以被人誉为"美神"，就在于她的残缺美。折断的双臂不仅没让她黯然失色，反而使她闻名世界。所以，不要怕暴

露你的缺点，有时它会使人觉得你更加诚实可信。

因此，稍微表露一些缺点用以表现你的诚实，是提升自我形象的有效手法。但要注意，不要让自己所有的缺点都"一览无余"，因为这样一来，别人只会觉得你毛病太多，一无是处，而不会认为你很诚实。

因此，适当地表露缺点的做法是，暴露出一两点无伤你整体形象的缺点，如爱睡懒觉等。这样，别人会觉得你真实，并且会产生除了这一两处缺点以外，你没有其他的缺点的错觉。

总之，当你通过这些给别人留下诚实守信的印象后，你的办事效果就会大大提升。

求人办事要抓住时机

求人办事，把握住时机是非常重要的。当我们摸清对方心理之后，并等到一个合适的时机时，应该培养当机立断的习惯，避免犹豫不决，贻误良机，这样就可以迅速达到目的。

一个人办事的成功，除了依赖一定的条件之外，机会的作用是不可忽视的。就连韩愈也在他的《与鄂州柳中丞书》中写道："动皆中于机会，以取胜于当世。"

比如你要升官晋职。由于本单位、本部门的领导者因为某种原因，或者是工作突出被提拔了，或者到了法定年龄离休、退休了，或者因工作犯了错误而被解职了，总之，原来的职位出现了空缺，这个空缺就为你创造了一个升迁的机会。如果这个机会来临时，你不知道想办法抓住机会，甚至在工作中犯了错误，那机会就会与你失之交臂。

也许有人对此不以为然，他们总认为自己的提升是因为自己拥有某些才能。这种说法带有很大的片面性。因为谁都知道，一个人被提升时，首先要有职位。没有空出的位置，任你才高八斗、学富五车，也不会被提拔到一个"悬空"的位置上。当然，我们不否认才能在提拔中的作用。

在 20 世纪 80 年代初期，上级配备一个地区的领导班子，为了体现年轻化的原则和要求，规定这类班子的平均年龄均不得超过 45 岁。由于几个领导年龄较大，在选择最后一个人选时，他的年龄就必须在 35 岁以下。于是，有关部门不得不放弃 35 岁以上的优秀干部的人选，而把眼光集中到 35 岁以下的年轻人身上来。通过挑选，总算把一个年轻的副乡长选了上来。这个人刚当了一年副乡长，虽然素质不错，但主要还是赶上了一个好时机，他做梦也没想到会这么快走上地区的领导岗位。

时机对于办事效果就是这样，时机不出现，有时任你费尽九牛二虎之力，也办不好，办不成功；一旦时机出现了，你不想办，反而歪打正着，然而，这属于一种非普遍的机会。

就正常而言，大多数办事机遇，是办事主体努力创造的结果，如下级主动承担某项重要工作而获得了广为人知的成绩和显露出惊人的才华，从而引起领导的重视、赏识而晋升成功。

所以，要想办事成功，关键还是要靠自己的主观努力来把握住时机。

把握住时机，最重要的是认清时机。所谓时机，就是指双方能谈得开、说得拢的时候，对方愿意接受的时候。一个人还没从车祸丧子的悲痛中解脱出来，你就上门托他给你的儿子保媒说媳妇，无疑你会碰壁的；领导正为应付上级检查而忙得焦头烂额的时候，你却找他去谈待遇的不公，那你肯定要吃"闭门羹"，甚至遭到训斥。掌握好说话的时机，才能提高办事的成功率。下面的这两种时机可以说是求对方的最佳时机。在办事过程中，你一定要注意牢牢抓住它，将会取得事半功倍的效果。

1. 在对方情绪高涨时

人的情绪有高潮期，也有低潮期。当人的情绪处于低潮时，人的思维就显现出封闭状态，心理具有逆反性。这时，即使是最要好的朋友赞颂他，他也可能不予理睬，更何况是求他办事。而当人的情绪高涨时，其思维和心理状态与处于低潮期正好相反，此时，他比以往任何时候都心情愉快，表面和颜悦色，内心宽宏大量，能接受别人对他的求助，能原谅一般人的过错，也不过于计较对方的言辞，同时，待人也比较温和、谦虚，能听进对方的一些意见。因此，在对方情绪高涨时，正是我们与其谈话的好机会，切莫坐失良机。

2. 在为对方帮忙之后

中国人历来讲究"礼尚往来""滴水之恩当以涌泉相报"。在你为他帮了一个忙后，他就欠下了对你的一份人情，这样，在你有事求他帮忙的时候，他必然要知恩图报。在不损伤对方利益的前提下，他能做到的事情，一般情况下会竭尽全力去帮助你。"将欲取之，必先予之"，托人办事的时机，我们是可以预先创造的。

先为自己留好退路

在这个世界上，我们毕竟不能独来独往。办自己的事情时，有时会涉及别人的利益。因此，我们在处理事情的过程中，必须全盘衡量，把握分寸，协调好各方面的利害关系，在争取我们自己利益的同时，绝不能伤害他人。这就要求我们在办事情时，先为自己留好退路。

尤其是有些事情，一旦办了，可能就违法、违情、违理，使自己或别人遭受名誉、经济或地位的损失。

东汉时期，光武帝的姐姐湖阳公主新寡，光武帝有意将她嫁给宋弘，但不知她是否同意，于是就和她一块儿议论朝廷大臣，暗暗地观察公主的心意。后来，公主说："宋弘的风度、容貌、品德、才干，大臣们谁都比不上……"光武帝听说后就有意要促成这门亲事。过了不多久，宋弘就被光武帝召见，光武帝叫湖阳公主坐在屏风后面，然后光武帝带有暗示性地对宋弘说："谚语云：'贵易交，富易妻。'这是人之常情吧？"宋弘说："古语说，'贫贱之知不可忘，糟糠之妻不下堂。'共患难的妻子是不应该被赶出家门的。"光武帝听完后转头对屏风后面的公主说："事情不顺利啊！"

很显然，这件事属于不该办的事，因为臣子宋弘有妻室，湖阳公主显然是属于"第三者插足"。如果皇帝办成了这件事，虽然在当时不属违法行为，但却是违背情理的。当然皇帝也知道，所以就事先为自己留有退路，借用"贵易交，富易妻"来表达，宋弘以"贫贱之知不可忘，糟糠之妻不下堂"来回应，既保住了皇上的面子，也顺利地推托了事情。

所以，当有人违背你的人生信念而托你办事时，你绝不能贪图一时之利，不负责任地答应他、纵容他，一定要慎重考虑可能引起的后果。如果有人想整治别人，编造假的事实，求你出面作伪证，或者有人想让你同他一起干违法乱纪的勾当，你若不想与其同流合污，就应有勇气拒绝这类无理的要求。

用最大的努力去争取好的结果，同时做好失败的心理准备和物质准备以及应变措施。这样办事情，就能以不变应万变，永远立于不败之地了。

分清事情的轻重再办事

事情有大有小、有轻有重，是放弃西瓜捡芝麻，还是丢掉芝麻捡西瓜，这既可能涉及自身的利益，又可能涉及他人及整体大局的利益。所以，在这取舍两难的选择之间，就应该掂量一下事情的分量，尽量采用舍小取大、弃轻取重的处理原则。这样，虽然丢掉了小利，但所换取的可能就是大利或大义。

蔺相如是战国后期赵国人，他本是赵国宦官令缪贤的门客，完璧归赵、渑池之会后，一跃成为赵国的上卿。

廉颇是赵国大将，多有战功，威震诸侯。蔺相如却后来居上，使廉颇很恼火，他想："我乃赵国大将，身经百战，出生入死，有攻城野战之大功，你蔺相如不过凭借三寸不烂之舌，竟位居我上，实在令人接受不了。"他气愤地说："我见相如，必辱之。"从此以后，每逢上朝，蔺相如为了避免与廉颇争先后，总是称病不往。

有一次蔺相如和门客一起出门，老远望见廉颇迎面而来，连忙让手下人回转轿子躲避开。门客见状，对蔺相如说："我们跟随先生，就是敬仰先生的高风亮节。现在，您与廉颇将军地位相同，而您见了他就像老鼠见猫一样，就是一般人这样做也太丢身份了，何况一个身为将相的人呢！连我们跟着先生也觉得丢人。"蔺相如问："你们嫌我胆小，你们说廉将军和秦王相比，哪个厉害？"门客答道："秦王厉害。"蔺相如说："既是秦王厉害，我都敢在朝廷上呵斥他，侮辱他的大臣们，我连秦王都不怕，却单单怕廉将军吗？"蔺相如接着说："我想，强秦不敢发兵攻打赵国，是因为我和廉将军在位。如果我们二人争闹起来，势必不能并存。我之所以这样做，是把国家利益放在前头，把个人的得失放在后头啊！"门客恍然大悟。廉颇闻之，深感内疚，于是负荆请罪，与蔺相如结为"刎颈之交"，演出一幕千古流芳的"将相和"。

蔺相如之所以能千古流芳，就在于他能忍小辱而顾全国家大义，对事情的分量把握得好。赵国之所以不被他国欺负，就是因为有将相文武二人的威势。可见，把握好事情的分量，不仅利于个人关系，对集体、对国家也是幸莫大焉。所以，每个人在办事情之前，都要先把握好事情的分量然后再去办，这样方能事半功倍。

事有大小，事有种类，事有难易，有的事关系到自己的切身利益，有的事则可办可不办。我们不但要知道哪些事应该怎样办，而且要知道哪些事该办、哪些事不该办。

如果你觉得事情能够办成，就应该毫不犹豫地去办。

如果你觉得要办的事情把握不大，就要给自己留下回旋的余地。

如果你觉得要办的事情没有能力办到，就不要勉强去办。

有些事情无论是工作上的还是家庭中的，能办的要及早办，不能办的也要想办法找关系求人去办。我们在实际生活中遇到更多的是别人求办的事，对这类事我们应该有一个因事制宜的态度。

委婉地向对方求助

委婉地向对方求助就是不直接道出目的，而是绕开对方可能不应允的事情，通过其他方式完成目标。

美国《纽约日报》总编辑雷特身边缺少一位精明干练的助理，后来他把目光瞄准了年轻的约翰·海。当时约翰刚从西班牙首都马德里卸除外交官职，正准备回到家乡伊利诺伊州从事律师业。

打定主意后，雷特就请约翰到联盟俱乐部吃饭。饭后，他提议请约翰·海到报社去玩玩。坐在办公桌前，雷特从许多电讯中间找到了一条重要消息。那时"恰巧"负责国外新闻的编辑不在，于是他对约翰说："请坐下来，为明天的报纸写一段关于这则消息的社论吧。"约翰自然无法拒绝，于是提起笔来就写。社论写得很棒，雷特看后大加赞赏，于是请他再帮忙顶缺一个星期、一个月……渐渐地干脆让他担任了这一职务。约翰就这样在不知不觉中放弃了回家乡做律师的计划，而留在纽约做新闻记者了。

由此可以得出一条求人办事的技巧：委婉地向对方求助。

在运用这一策略的时候，要注意的是：在引导别人的时候，首先应当引起别人的兴趣。

当你要引导别人去做一些很容易的事情时，先得给他一点小胜利；当你要引导别人做一件重大的事情时，你最好给他一个强烈的刺激，使他对做这件事有一个渴望成功的企求。在此情形下，他已经被一种渴望成功的意识刺激了，于是，他就会很主动地为了获取成功而努力。

总之，要引起别人对你的计划的热心参与，必须先引导他们尝试一下，可能的话，不妨使他先从做一点容易的事儿入手，先让他尝到一些成功的喜悦。

假如你一见到对方就贸然地开口求他办事，有可能会遭到断然拒绝，陷入尴尬的境地。有些话不能直言，便得拐弯抹角地去讲；有些人不易接近，就要逢山开道、遇水搭桥；搞不清对方葫芦里卖的是什么药，就要投石问路、摸清底细……总之，不能直接相求的事情就应委婉地提出。

控制住你的情绪

求人办事首先要有个心理准备，要控制住自己的情感，把自制作为一种能力和习惯来培养。毕竟事情不会尽如自己所愿。我们可以这样设想：当一个人无意中触痛了你的敏感之处，你就不顾一切地乱喊乱叫，人家对你的印象还会好吗？当人家同意你的一个观点时，你就高兴得眉飞色舞，他们对你的印象还会好吗？同样地，在办事时，如果别人不答应帮忙，你就满脸不高兴；如果别人答应帮忙，你又高兴得忘乎所以，那别人对你的印象会好吗？

汤姆曾经告诉过朋友们这样一件事：一个星期六的上午，汤姆去会见某知名公司的部门主管。约见地点是他的办公室。主人事先说明他们的谈话会被打断 20 分钟，因为他约了一个房地产经纪人。他们之间关于该公司迁入新办公室的合同就差签字了。

　　由于只是个签字的手续，主人允许汤姆在场。

　　后来那位房地产经纪人带来了平面图和预算，很明显他已经说服了他的顾客，就在这稳操胜券的时候，他却出人意料地做了一件蠢事。

　　这位房地产经纪人最近刚刚与这家知名公司主管的主要竞争对手签了租房合同。他大概是仍然陶醉在自己的成功之中，开始兴奋地详细描述那笔买卖是如何做成的，接着赞美那个"竞争对手"的优秀之处，称赞其有眼力，很明智地租用了他的房子。汤姆当时猜想，接下去他就要恭维这位公司主管也做出了同样的决策。

　　可是不一会儿，公司主管站了起来，感谢那位房地产经纪人做了那么多介绍，然后说他暂时还不想搬家。

　　房地产经纪人一下子傻眼了。当他走到门口时，主管在后面说："顺便提一下，我们公司的工作最近有一些创意，形势很好，不过这可不是踩着别人的脚印走出来的。"

　　或许在那个时候，房地产经济人才意识到自己在关键时刻忘了对方，只顾着陶醉于自己已取得的推销成果，而忽略了买方也有其做出正确抉择的骄傲。这就是在办事时不会控制情绪的结果。

　　同时，在办事的过程中，暴躁发怒也会使人很快失败，成功需要有很强的自控能力，有处变不惊的素质。

如何学会自制呢？最好的办法就是经常将自己放在别人的位置上想想。有时自己被激怒并不是对方故意的，而是无意的行为。这种时候如果不控制自己，任由感情爆发，结果肯定是没什么好处的。

一位曾在酒店行业摸爬滚打了多年的老总说："一个人不见得有比使他伤脑筋更大的事情了。在经营饭店的过程中，几乎天天会发生能把你气得半死的事。当我在经营饭店并为生计而必须与人打交道的时候，我心中总是牢记着两件事情。第一件是：绝不能让别人的劣势战胜你的优势。第二件是：每当事情出了差错，或者某人真的使你生气了，你不仅不能大发雷霆，而且还要十分镇静，这样做对你的身心健康是大有好处的。"

一位商界精英说："在我与别人共同工作的过程中，多少学到了一些东西，其中之一就是，绝不要对一个人喊叫，除非他离得太远不喊听不见的时候。即使那样，也得确保让他明白你为什么对他喊叫，对人喊叫在任何时候都是没有意义的，这是我的经验。喊叫只能制造不必要的烦恼。"

从上面的那位老总和商界精英的话中，我们可以看出控制住自己的情绪对于一个人办事有多么大的影响。所以，现在如果你觉得自己还不能很好地掌控自己的情绪，同时你又想把事情办得尽善尽美，那么就多多留意，从控制自己的情绪做起吧！

放低自己的姿态

在求别人办事时，不论你地位多高，身份多尊贵，你都应该放低姿态。因为你是在求别人，而不是别人求你，如果还摆出一副高高在上的架势，谁都不会买你的账，即便是至高无上的皇帝也不例外。

在办事过程中，那些谦让而豁达的人总能赢得更多的成功。反之，那些妄自尊大、不肯放低自己姿态的人必然会引起别人的反感，最终使自己处于孤立无援的境地。

1860 年，林肯作为美国共和党候选人参加总统竞选，他的对手是大富翁道格拉斯。

当时，道格拉斯租用了一列豪华富丽的竞选列车，车后安放了一门大炮，每到一站，就鸣炮 30 响，加上乐队奏乐，气派不凡，声势极大。道格拉斯得意扬扬地对大家说："我要让林肯这个乡下佬闻闻我的贵族气味。"林肯面对此情此景，一点也不在乎，他照样买票乘车，每到一站，就登上朋友们为他准备的耕田用的马拉车，发表这样的竞选演说："有许多人写信问我有多少财产。我只有一个妻子和三个儿子，不过他们都是无价之宝。此外，我还租有一间办公室，室内有办公桌一张、椅子三把，墙角还有一个大书架，架上的书值得我们每个人一读。我自己既穷又瘦，脸也很长，又不会发福，我实在没有什么可以依靠的，唯一可以信赖的就是你们。"

选举结果大出道格拉斯所料，竟是林肯获胜，当选为美国总统。

如果你在找关求人时还摆出一副高高在上的架子，那结果肯定是没人愿意帮你。

例如有个朋友为办一个手续，连跑了几个地方，不知为什么，总是解决不了问题。有人说要送礼，他不懂送礼也不愿送礼，只有愤愤然骂上两句，自己苦恼不堪。

另一位朋友了解此事后，指点他去直接找某主任。他到办公室却扑了个空，追到家也没人，还被势利的保姆"损"了几句。他顿时火起，却又"好男不跟女斗"，只得带着满腹懊恼回到家，发誓再也不去找人办事了。

那位给他出主意的朋友知晓后，哈哈大笑，说："你呀，就这么不济事！在外边办事情哪有这么容易的！我找人办事是一求、二求、三求，不行再四求、五求、六求。事实不可谓不详尽，道理不可谓不充分。现在，我不但脸皮厚了，连头皮都变硬了！"

一席话深深地触动了这位朋友。第二天，他又"厚"着脸皮去找某主任。结果是出人意料的顺利，主任只照例问了一些问题便为他办了手续，烟都未抽一支。

人生一世，存活下去，需要办数不清的事，需要请无数人帮忙。万事不求人是不可能的，既然要求人，架子大了是不行的。

"人在屋檐下，不得不低头"，这句话有其合理性。初涉世事的年轻人，往往"脸皮薄"，放不下"清高"的架子，自然也就不能为社会所接纳，不能与环境相适应，也就难以真正迈出走向社会的第一步。

当然，我们说脸皮薄了不行，绝不是要大家放弃原则和人格尊严。厚颜过度则是无耻。但对于我们所说的"脸皮特薄者"而言，懂得"脸皮薄了不行"，洗掉身上的迂腐与矜持，才能锲而不舍，以柔克刚，取得求人办事的成功。

对待冷遇不灰心

与人交往，遭人冷面相对的事几乎是家常便饭。有的人会拂袖而去，有的人会心存怨恨。这样的反应虽在情理之中，受人同情，却不利于办事。有时还会因小失大，耽误办事的进程。因此，遇到了冷遇，要研究对策，具体问题具体分析。了解受到冷遇的具体情况再做不同的反应，是十分必要的。若按遭冷遇的成因而分，不外乎三种情况：

第一种是由于自我估计错误造成的冷遇。无论是对自己估计过高还是过低，都容易给对方造成错觉，认为你不诚实，从而遭到冷遇。在这种情况下，应首先对自己重新分析、判断，摆正自己的位置，及时纠正对方的看法，这样冷遇就会缓解。

第二种是由于对方考虑欠佳，不经意造成的冷遇。如果受到这种冷遇，你不应过分计较，因为每个人平时都生活在多重人际关系中，你无权要求别人随时照顾到你的感受。毕竟人们难以面面俱到，遭受这种冷遇是难免的，你应充分理解感受，千万不要因此弄僵与对方的关系。

第三种是对方故意给你冷遇和难堪。对于这种情况，你应努力克制愤怒，使自己看上去满不在乎，不论对方如何冷落你，你仍然热情地与之交往，使对方受到感动，从而对你的态度慢慢好起来。

在求人办事、遭受冷遇的时候，千万不能灰心气馁，而是要区别对待，弄清原委，再决定对策。下面就是针对三种不同原因所造成的冷遇而做出的不同策略，希望会对那些求人办事屡遭冷遇的人有所帮助。

1. 由于自我估计错误造成的冷遇

就像上面所说的那个青年人一样，其实，这种冷遇是对彼此关系估计过高、期望太大而形成的。这种冷遇是"假"冷遇，非"真"冷遇。如遇到这种情况，应自己检点自己，重新审视自己的期望值，使之适应彼此关系的客观水平。这样就会使自己的心理恢复平静，除去不必要的烦恼。

2. 由于对方考虑欠佳所造成的无意性冷遇

对于无意性冷遇，则应采取理解和宽容的态度。在交际场上，有时人多，主人难免照应不周，特别是各类、各层次人员同席时出现顾此失彼的情形是常见的。这时，照顾不到的人就会产生被冷落的感觉。

当你遇到这种情况时，千万不要责怪对方，更不应拂袖而去。相反，应设身处地地为对方想一想，并给予充分的理解和体谅。

比如，有位司机开车送人去做客，主人热情地把坐车的人迎进去，却把司机忘了。开始司机有些生气，继而一想，在这样闹哄哄的场合下，主人疏忽是难免的，并不是有意看低自己，冷落自己。这样一想，气也就消了，他悄悄地把车开到街上吃了饭。

等主人突然想起司机时，他已经吃了饭又把车停在门外了。主人感到过意不去，一再检讨。见状，司机还说自己不习惯大场合，且胃不好，不能喝酒。这种大度和为主人着想的精神使主人很感动。事后，主人又专门请司机来家做客。从此，两人关系不但没受影响，反而更密切了。

总之，在办事过程中遇到冷遇时，不可主观臆断，而应具体问题具体分析，否则只会造成不必要的损失。

第七章

礼仪习惯：你若待人彬彬有礼，成功就不会遥不可及

拨打电话选择对方方便的时间

随着经济的迅速发展，电话营销、电话采编、电话回访等以电话为媒介的职业已经遍地开花。无论是在个人沟通，还是在商务交往中，联系亲朋也好，寻找新的商机也罢，向对方展现一个独具特色的"电话形象"，成为每个电话使用者的一种能力。塑造完美"电话形象"的要点之一就是：选择合适的时间打电话，这个"合适"是说对方方便接听电话的时间。第一步走不好，就算你有再好的口才，也难以让自己拨出的电话起到预期的效果。

选择时间，以对方为中心

不少找工作的人都遇到过这样的问题：兴冲冲地找到一个适合自己的职位，怀着忐忑不安的心情，满怀希望地拨出招聘单位的电话号码，对方却礼貌地告诉你"我们已经下班了""负责人正在开会""我们这个时间段不接待应聘者"。种种理由的拒绝一下子降低了应聘者的热情，甚至怀疑对方是故意不理睬自己，继而怀疑自己的能力。其实，唯一的原因就是他们打电话的时间，正是对方不方便的时候。

一般情况下，上午 8 点之前（节假日 9 点之前）、晚上 10 点以后不宜打电话，以免干扰对方甚至其家人的睡眠；三餐之间的时间也不适合打电话，免得打扰对方的就餐心情；许多人有午睡的习惯，不是事关紧急，不要在中午打电话。尽量不要打扰别人周末和节假日的私人时间。如果拨打越洋电话，一定要考虑时差问题。

　　电话接通之后，要自报家门，说明自己是谁、找谁、有什么目的。在正式的公务、商务交往中，你要礼貌而具体地说明双方的单位、职衔、姓名。如果你不说自己的姓名和意图，反倒先问对方"你是谁"，就会惹对方不快。如果你拨出的电话是由对方总机接转，或由对方秘书代接，要使用"您好""烦劳""请"之类的礼貌用语。如果你要找的人不在电话旁边，可以请代接者帮叫一下，或以后再打。当代接者询问你的姓名时，如果你不便告诉，应该婉转地回答。比如说："我是他的朋友。我晚些时候再打吧。"万一打错了，立即向接电话者道歉，不要电话一挂了事。

　　下午3点。

　　甲："您好！我是深达公司的销售经理李爽，我想找芮普公司的总经理董南先生，或副总经理秦英女士。烦请您通告一下，谢谢！"

　　乙："您好，这里是芮普公司，我是公司办公室秘书。现在两位经理都不在，请问您有什么事，我可以转告吗？"

　　甲："不好意思，我有重要的事情，希望直接与他们联系。请问，您能告诉我他们两位的手机号码吗？"

　　乙："抱歉，每周五下午3点到5点是我们公司内部培训时间，两位经理不方便接电话。如果您事情不是很急，请5点以后或者明天上班时间再打这个电话，好吗？"

　　甲："好吧。明天上午我再打吧，谢谢您！"

乙："不客气。再见！"

除了遵循通用的"时间规则"，我们还要考虑受话方的工作性质、个人习惯，从而更好地推测和判断何时是对方方便的时间。想让自己打出的每一个电话都有效果，可不单是选择合适时间的问题了。你还要仔细做好通话前的准备。

当你要找的人回应你时，你首先应该问对方："您现在方便接听吗？"得到肯定回答后可寒暄几句，然后开门见山地表达你的意愿即可。若对方没有时间通话，可以问对方何时比较方便，约定下次打电话的时间，避免浪费双方的时间。你可以告诉对方："打扰您了，我再找您方便的时候打来吧！"你这样体贴的询问能给下次通话做好一个铺垫。通话期间，嘴与话筒之间应保持三厘米左右的距离，便于对方听清你的声音。

争取让每个电话都有效

好比为建筑设计一幅蓝图，拨打电话之前，我们应该先拟一

个提纲，想表达什么意愿、想解决什么问题、想达到什么目的，全都想清楚，写明要点。这样能节省通话时间，提高通话效率，这是一个非常必要的习惯，我们必须养成。公务、商务人员更要注意这点。

小舟是一个杂志编辑，一天上午，他找出几个作家的电话，想要和他们约稿。接二连三地打完了电话，交代了交稿时间，小舟就专等着按时接稿子了。一周后，他突然想起，忘了对其中一位应约写人物传记的著名作家提一个关键要求：详写人物的童年经历。小舟马上再次打电话给该作家，说明要求。作家很生气，因为他已经基本将作品完成了，而他对人物的记录和评价，着重的是其事业生涯。如果按照小舟的要求修改的话，作家的心血几乎白费了。小舟忙不迭地道歉："那天我约的作家太多了，对各人的要求也不同，一时间给忘了。"作家按照小舟的要求迅速对文章进行了大修改，并按时交稿，却拒绝了以后再给小舟的杂志写稿。杂志总编知道小舟得罪并失去了一个重量级作家以后，对他进行了严厉批评，勒令他为下一期的杂志尽快联系一位新的著名作家，否则将不再聘用他。

如果你要连续给几个人打电话，事先一定要把对方的单位、姓名、职务、电话号码都找出来，清楚地写在一张纸上，同时把你要对每个人说的内容以提纲的形式列出来，以免漏掉重要事项。如果你确信自己记忆力过人，思维的逻辑性强，并且使用的是预先存好对方号码的手机，你可以把你的提纲列在脑子里。无论如何，打电话前有个规划是很必要的。

确认对方的电话号码准确无误后再拨号。拨号以后，若暂时无人接听，别急着挂，耐心让铃响六七声，也许电话离你要找的人有点儿距离，他正在奔向电话呢。最好别出现对方刚拿起电话你这边已经挂断的情况。

用语礼貌，长话短说。打电话时要使用礼貌、规范、恭谦的语言。要符合自己身份和职业特点。要正确使用"您好""请""谢谢"等礼貌用语。吐字要清晰，句子要简短而准确，不重复罗唆，不东拉西扯。"三分钟原则"已经成为国际商界的惯例。著名的礼仪专家金正昆先生每次在讲座中谈到打电话，都要强调这个原则。在电话中沟通，时间控制在三分钟内较为合适。最长不要超过五分钟。要做到长话短说、适可而止。用精练的语言为自己勾勒一个简洁惜时、从容干练的电话形象。

卡耐基说过，"用电话做生意时，也不能忘记微笑"，微笑的意义在于它能通过电话线把你的愉快情绪和积极态度传达给对方，美化你的电话形象。让微笑伴随你的整个通话过程吧！通话完毕，别忘了说"谢谢"和"再见"！

目光要亲善

"眼睛是心灵的窗户。"这句妇孺皆知的名言，深刻生动地道出了目光接触在人际交往中所起的重要作用。目光不仅表达情绪，还能传达信息。所谓"眼睛会说话"，就是说不同的目光能表达出不同的意愿。目光锐利的人通常比较干练，目光暗淡的人比较自卑，目光亲善的人比较有人缘。亲切友善的目光让人心生好感，产生亲近的欲望，亲善的目光，能增加个人魅力，更能促进交际的成功。礼貌都是相互的。如果别人对待你不是很礼貌，你要想一想，是不是自己的目光不够亲善和气？

怎样的眼神受欢迎？

不同性格、不同心态的人会有不同的眼神；在不同的场合中，同一个人的眼神在一段时间内也难免发生变化；遇到不同的人、不同的事，同样一个人，眼神的变化就像夏季的天气，变幻不定。眼神是心灵的语言，反映着人心理的细微状态，影响着人们交际关系的进展。热切注视表示期待和欣赏；目不斜视表示骄傲；被人注视时立刻转移视线，表示拘谨或心虚；肆意地在别人身上游移目光，表示挑衅或怀疑；视线从不投向与自己交谈的人，表示对话题没有兴趣；面无表情地斜视，表示轻蔑和不屑；眯着眼睛看人，表示关注或者鄙夷；戒备的眼神，表示怀疑和不安。

与关系亲密的人交谈，你的眼神专注而热情诚恳，受人欢迎；与陌生人在公共场所共处一隅，你的眼神大方自然，不频繁地投向对方，受人欢迎；初次见面，你的眼神充满信任与喜悦，受人欢迎；久别重逢，你的眼神中洋溢着思念和企盼，久久地投向对方的眼睛，受人欢迎；观看演出、听报告或演讲时，你的眼神流露出欣赏和赞美，专注于台上的主角，受人欢迎；讨论问题时，你的眼神中透露出智慧和沟通的欲望，礼貌地投向对方，受人欢迎；别人受到侮辱时，你的眼神充满同情和关怀，受人欢迎；别人获得成功时，你的眼神中流露出祝福和羡慕，受人欢迎。

刘心平是某大学著名的教授，受到众多学子的追捧，很多外校的学生，甚至外地的学者都慕名而来聆听她的精彩演讲。刘心平教授的一个得意门生，如今已经是媒体名人，谈到给过自己很多帮助的刘教授，总是从神情中流露出由衷的敬仰。他说："刘老师最让我难忘的就是她的目光。她看你时，目光柔和，充满智慧，真诚而坦然，眼神直射入你心底，让你觉得不听她讲课就是一种罪过。好多次我走神时无意间撞上刘教授的目光，马上就感到惭愧，赶快收回心思专心听课。现在想想，如果不是大学四年受到了刘教授目光的鞭策，恐怕我还是个很平庸的人，走不到今天呢！"

教师的眼神灵动而充满鼓舞，企业家的眼神锐利而充满热情，政治家的眼神坚定而充满威严。总的来说，人们喜欢真诚的、热情的、友好的、关切的、自信的眼神。眼神符合施予者和接受者的身份、性格，符合交际场合的需要，运用得体才能受欢迎。

当别人取得成绩时，千万不要用无所谓的眼神看他，这样他会对你产生敌意；当别人遭遇尴尬、希望自己安静和反省时，请不要对他投以任何意义的目光，此时，你的消失就是对他最大的尊重。

看人应该把目光放在哪里？

目光该放在哪里？这要看你面对的人和你是什么关系，你身处什么场合，你身处的氛围如何。无论对谁，目光都应该自然大方，温和庄重。逼视对方的眼睛，在对方身上上下左右地看，偷偷看对方或不加掩饰地盯着对方看，都是有失礼貌的表现。

在公务、商务交往等社交活动中，面对陌生人或者同行、合作伙伴、熟人、普通朋友时，我们通常把目光放到对方的胸部以上，重点位置在额头与双眉之间、眉毛和眼睛之间。这样的目光范围不容易给双方造成压力，利于营造平等融洽的气氛，利于双方交际的顺利进行。与人面对面交谈时，要把目光放在对方的脸上，适当地与对方对视，以表示聆听、理解或询问，同时表示尊重和沟通的诚意。当双方陷入沉默时，就不要注视对方的眼睛，这样容易使双方尴尬，不利于话题的展开。

当参与会议讨论等多人场合的交谈时，目光要照顾到在座的每个人，不要只看一个人。当你转换交谈对象时，目光也要随之投向新的交谈对象，这是起码的礼貌。需要注意，对于陌生人，如果你只是对他表示好奇或欣赏，最好不要让他觉察到你观察的目光，更不要对视他的目光，这样是不礼貌的，会让对方感到受到了侵犯。

小雨去另一个城市看望两年不见的姑姑，刚进门时，感觉有些陌生，因此稍微有点不知所措。当姑姑接过她的背包，亲热地拉她在沙发上坐下，用亲切的目光注视她的眼睛，热情而爱怜地打量她周身上下时，小雨一下子就放松了。她积极地对视姑姑的眼睛，从那充满关切的眼睛里感到了熟悉的亲情。两人很开心地聊起了老家的事情。

在私人交往的空间里，当我们面对亲人、好朋友、恋人等关系亲密的人，我们可以把目光放在对方的眼睛、嘴唇和胸部，这些范围属于亲密区域，相互的适当注视能很好地传达真挚的感情，利于双方良好关系的进展。

迎送宾客时，目光要放在对方身上，至少要放在对方冲着你的方位上。送客人走时，客人走过一段路回头看你，虽然你仍站在原地，却偏头看着另外的方向，客人心里就会要多多少少有些不快。

一般情况下，人们如果面对面交谈了十分钟，谈话的同时，你应该有累计五分钟左右的时间把目光放在对方面部，而在对别人的脸行"注目礼"的这段时间里，你应该有至少累计两分钟的时间把目光投射到对方的眼睛。无论是看脸还是看眼睛，注视对方时间过长，会让对方感到窘迫。注视对方时间太短，则会让人

觉得不受尊重。

和外国人或其他民族的人们交往时，要慎用目光。在欧美国家，通常不允许男性过多地注视女性，同性之间也不宜对视时间太长。在日本，人们交谈时目光不能放在双方的眼睛，而要放在颈部。

向人致谢要及时

日本的松下幸之助说："因为有了感谢之心，才能引发惜物及谦虚之心，使生活充满欢乐，心理保持平衡，在待人接物时自然能免去许多无谓的对抗与争执。"懂得感谢是一种美德。及时感谢他人是一种礼貌。说声"谢谢"很容易，但你是否每次都能及时说出来呢？

利民排了半夜的队，终于为张宽买到了回家的车票。张宽赶到约定地点，从利民手中接过车票，兴奋地大叫"开心"，然后把车票钱交给利民，道声"再见"后就乐滋滋地走了，连一句"谢谢"也没有。利民此时觉得自己像一个送票上门而未受礼遇的服务员，心里装满了熬夜的辛苦和被忽视的失望。张宽回到家才想起来向利民道谢，于是打电话给利民，电话里，利民的声音很缺乏热情，带着爱搭不理的情绪。因为张宽错过了利民最想听到"感谢"的时刻。迟到的感谢，效果必然打折。

感谢如果不能及时说出来，如果你不能及时以恰当的方式向对方致谢，就会令帮助过你的人失望。当你再次求助别人或要求与其合作时，遭到拒绝就在所难免。致谢这么重要，你还能让它迟到吗？因此，你应该养成及时致谢的好习惯，这样你的真诚才会打动他人，交往也会更加顺利。

怎样说"谢谢"

致谢能让对方获得信任感和成就感，让对方体会到付出的快乐。一句话可以表达谢意，一张卡片也能表达谢意，一件独特的礼物，一个巨大的进步，甚至一个微笑、一个拥抱，都是致谢的方式。对方是什么身份？什么年纪？什么爱好？什么脾气？甚至对方的文化水平和经济状况，你都应该大体了解，致谢时才不至于失礼。

用语言。别人为你实施了举手之劳的帮助，应该当即说谢谢。比如一个陌生人帮你捡起皮包，医生为你包扎好伤口，同学借给你一支笔。别人送你礼物后，参加宴请之后，参观采访归来后，你可以给对方发邮件、写信或打电话表示感谢。如果找不到本人，请他人传达口信致谢也可以。比如你可以对张三说："请你见到李四时替我谢谢他，他帮我整理资料，可是没来得及谢他。"如果对方很忙，记不起他为你做过什么，你感谢时，别忘了告诉他你为什么而感谢，这样他会有喜出望外的感觉。如果你是向一个集体表示感谢，可以对大家说"谢谢大家"，也可依次向他们表达谢意。

说"谢谢"时，一定要微笑着正视对方的眼睛，态度一定要认真诚恳、热情大方，吐字清楚，话语要简洁明了。对亲朋好友，道谢可随意，但应不失礼貌，对不熟悉的人，道谢时要根据对方身份加上尊称，如"先生""老师""太太"等等。致谢要郑重，最好专程、单独向对方表达谢意。

用行动。如果言语还不足以表达你的谢意，那就采取适当的行动吧。如果对方是个富商，那么你就没必要用钱来表达谢意，为他介绍一个客户就比较合适。如果对方是你的老师，他喜欢的回报多半是你的成功。如果对方是个演员，最好是请人为他写一篇专访。

黎明是一个出租车司机，一天深夜在路边看到一个迷路的小男孩，就把他送回了家，并且执意不收任何费用。黎明没有留下自己的姓名，但小男孩却记住了黎明的车牌号和所在的公司，于是很快查明了好心人的姓名。第二天，黎明意外地听到收音机里传来小男孩一家人为他点播的歌曲。主持人用甜美的声音念小男孩的留言："可敬的出租车司机黎明叔叔：您好，我是昨天晚上被您送回家的那个男孩，谢谢您帮助我，我代表爸爸妈妈和爷爷奶奶为您送上歌曲，希望您健康、顺利、愉快！好叔叔，欢迎您有时间来我们家做客，我们全家再次谢谢您！"因为主持人念出了黎明的车牌号，就相当于为他做了免费广告。一天下来，他的生意比平时多了一倍。这个动人的留言让黎明一连几天的心情都特别好，不觉间，他对顾客的态度更加礼貌周到了。

一个精心策划的行动，能让你的致谢显得格外有意义。

用礼物。一份投合对方心意的礼物，是一种很好的致谢方式。我们可根据对方的喜好等个人情况选礼物给对方。比如，送即将乔迁的人一套居家用品，送喜欢旅游的人一张新景点的门票，送爱音乐的人一张唱片。

怎样让感谢有效

真诚主动。真诚意味着真心，意味着你的道谢应该郑重诚恳。

主动意味着你对对方的尊重和在意。即使对方并不要求你的回报，你的诚恳道谢也会让他很开心。如果对方为你付出很多，你得到的也很多，那么道谢一定要郑重其事。如果对方给你帮了点小忙，你因此办了大事，一定要告诉对方你的收获，他会很有成就感，以后也一定更愿意帮助你。如果对方为你做出了很多努力，却没有起到多大作用，这种情况下也要真诚感谢他，毕竟这么努力为你的人不是轻易就能找到的。诚恳而主动的道谢让对方意识到，他一个小小的帮助对你来说有多么重要，而这种意识又给他带来了意料不到的快乐。

恰到好处。致谢不是做交易，也不是作秀，把握分寸十分必要。别人辛辛苦苦帮你把一大堆东西搬到新家，你却轻轻一个"谢谢"就打发了，未免让人感觉你太小气吧！朋友好不容易帮你把电脑修好了，你说声"谢谢"就再无下文了，让人心情一下子跌到谷底。别人只是帮你传了份文件，你却一定要送给对方一张大额代金券，让人觉得你莫名其妙。过于轻描淡写的致谢和大张旗鼓的致谢都有失分寸。

林静刚到一家广告公司上班，对业务不是很熟悉，别人已经联系到许多有合作意向的客户了，她还不知道从哪里找呢。老员工李振告诉她一个网站："你可以去那里碰碰运气。"林静没有在这个网站找到有用的信息，却意外地从该网站的友情链接中找到其他网站，继而找到了相关信息。林静顺利地联系到了几个客户。林静知道他喜欢喝茶，就请李振去了一个环境幽雅的茶楼，以示感谢。李振说："我并没有直接给你带来客户啊，你不用谢我，你应该夸奖自己搜索信息的能力才对！"林静说："如果不是你提供了线索，我怎么可能那么快地找到客户呢？"李振愉快地接受了邀请，并给林静传授了很多业务知识，两人后来成了很好的朋友。

向别人致谢时，要选择合适的场合、时机、方式。能让对方欣然接受，又不会引起误会的方式，才是恰到好处的。

致谢是一种积极的情感交流，这意味着你认同对方，欣赏对方。致谢的同时，也等于是为双方以后的交往打下更坚实的基础。即使今后双方不联系，得体的致谢也会给双方留下美好回忆。

接到请柬后要及时回复

嫁夫娶妻、升迁乔迁、喜得贵子、新店开张……人们在欣逢喜事时，总会大张旗鼓地庆祝一番，并郑重地邀请亲朋好友来分享自己的喜悦。颁奖仪式、奠基仪式、大型晚会……人们举办各种隆重仪典时，会邀请业内人士、社会名流前来参加，显示实力。人们受到别人的这些邀请时，会同时收到一张请柬。请柬表达了主人对受邀者的尊重和热情，也表达了他们的真诚和期待。因此接到请柬后一定要及时回复，以免辜负了主人的苦心，不要因为礼仪上的错误而破坏了自己在对方心目中的良好形象。

回复越早，效果越好

有的请柬是私人举办活动而发出的，有的则来自商务或公务活动。有的人发请柬是为了表达友谊，让你分享他的喜悦，有的人发请柬是为了宣传，使自己的活动更加多彩。无论如何，发帖人在拟定客人名单时，一定是经过再三考虑和筛选的，收到请柬，是我们的荣幸。因此无论请柬的主人与你关系如何，无论请柬的内容是什么，无论参加与否，我们都要尽快回复。发出请柬者通常会有"客人不一定能全部赴约"的准备，拒绝邀请并不算失礼。拒绝参加却不及时回复，则是对邀请者的不敬。

重要的、比较紧急的，应该在三天以内回复；不太重要的，自己又需要安排时间的，最迟也不能超过一周。如果请柬上说明只需拒绝参加者回复，你要根据自己的决定酌情及时回复。如果收到的请柬上注明了回复的期限，一定要在规定期限内进行回复。

周富新开了一家公司，邀请了众多好友和同行参加他的开业典礼，发出了几十封请柬。周富的同行张凯也收到了请柬，请柬上写道："请三日内回复。"张凯和周富的关系一直不错，收到请柬后很高兴，决定参加。不巧的是收到请柬的这天，张凯忙得团团转，白天收到请柬，他看过后随手放进了抽屉，之后继续加班工作。工作完毕后已经深夜了。第二天，张凯又有新的事情，他马不停蹄地忙碌着，早忘记了请柬的事。周富没等到张凯的回复，心想："是不是前一段时间因为他生意赔本，觉得我发请柬是在笑话他呢？真是小气！算了，不来也罢！"因此周富打消了打电话询问张凯的念头。到了第四天早晨，张凯猛然想起周富的请柬，赶忙翻找，打电话给周富说："哎呀老周，实在对不起啊，这几天我忙的是四脚朝天啊，下周一开业是吧？我一定去，一定去！"周富虽然嘴上说没事没事，心里却从此看轻了张凯。

一般来说，主人要根据请柬的回复情况来筹备活动。如果你收到请柬后不及时回复，主人就不能恰到好处的进行安排，如果不及时回复的客人很多，主人更是会有太多不必要的麻烦。如果你连注明"请回复"的请帖都不做回答的话，发请帖的主人大概再也不会欢迎你的访问了。所以，收到请帖后，要及时回复，养成习惯，就不容易因为忘了回复而使他人不高兴。

回复得体，皆大欢喜

形式得体。有时候虽然我们没收到请柬，但同样收到了邀请的信息。回复各种邀请，要看它的形式是怎样的。如果别人口头通知你去参加他的周末晚会，你口头回复即可。如果对方用一张便条代替请柬，你回复对方一张便条即可。如果对方发的是电子邮件，你就回复电子邮件吧。如果对方请人送正式的请柬给你，那么你也要用一张正式的卡片回复对方。如果对方的请柬附带需要回寄的答复卡，那再好不过，按要求回答后回寄即可。总之，我们回复请柬的方式要尽量与对方一致。

措辞得体。收到请柬后，我们要看自己的安排是否与之冲突，是否想去，是否能去。如果要赴约，在请柬要求允许的情况下，自己是否会带同伴，带几人，都要考虑到，一并回复。为保证对方及时收到你的回复，你还要在回复中留下自己最有效的联系方式。

书面回复请柬时，措辞要严谨礼貌，在人称、语气、落款上，至少要不低于请柬措辞的礼貌程度，并且要符合规范。不要忘记一点：在接受请柬的回复中，向对方核实时间和地点，必要的话，请对方告知详细路线。

如果确定了接受请柬所说明的活动邀请，对于活动的性质、内容要做进一步明确，如请柬注明着装要求，或其他具体要求，一定要认真做好充分准备，以示对对方的重视和尊重。

对于没有时间参加或不愿参加的普通酒会、联谊会，以及广告性质的邀请函，我们可以酌情拒绝。即使拒绝也要有礼貌。尤其是对于商务、公务性请柬，千万不要以看朋友、旅游等等私人性事由进行敷衍，这样对方会认为你缺乏真诚合作的精神和工作热情。

某大学历史系主任金明，向一位外地名校的教授发出请柬，邀请他参加一个由当地举办的研讨会。该教授对对方所提到的考古问题很感兴趣，恰好自己在相应的时间段没有其他安排，于是就很快答应了。某大学接到回复后，迅速在全校和学术界做了宣传，声明这位教授将来校参加研讨。就在教授发出接受邀请的回复后第三天，他接到一份来自国外的请柬，邀请他出席一次世界级的考古学研究报告会，这次报告会上，将有许多世界著名的考古专家出现。这样的报告会，教授期待已久。思虑再三，教授给国内的大学发出了道歉信，信是这样写的：

尊敬的金明先生：

我郑重向您和全体参加研讨会的成员道歉，我近期必须前往国外参加一个重要的专业报告会，这对我国考古研究的发展有着极其重大的意义。因此，我无法按时前往贵校出席研讨会。对此，我深怀歉疚，如蒙不弃，希望下次能参加贵校的此类活动。恭请见谅，谨致谢忱。

金明很理解教授的心情，接受了教授的道歉，并及时向公众致歉。

通常，接受请柬后不能失约。如果你接受了一张请柬，但很快又收到一张更重要的请柬，或者突发重大事件，比如正好家中有贵客来访、自己或家人生病、临时有出差任务……意料之外的事情让你无法按时出席，在这种情况下，你要慎重措辞，郑重向你所接受的那份请柬的主人道歉。如果是爽约私人聚会，可以请别人代为送致礼物的方式表达歉意和祝福。

不要冷落了任何一位客人

有时候，我们会和几个人一起去拜访某个人；有时候，我们会同时接待几位客人。有的客人是初次来访，有的是跟随朋友来访，因此主宾之间并不熟悉。有的时候，我们因为人多而照顾不过来，无意间冷落了某些客人。我们既不希望自己成为主人冷落的客人，也不希望某个客人被我们冷落而扫兴地离去。冷落了一个客人，你可能从此就失去了这个客人；在一群人之中只冷落一位客人，你可能同时失去了其他的客人，因为礼仪不周而使别人误以为你做人处世比较"势利"。

想要别人怎么对待自己，就要先学会怎么对待别人。因此，招待客人的时候，我们必须做到让每个客人都感到宾至如归，才不失待客之道。

考虑周全，每位客人都很重要

每位客人都应该受到同等规格的对待。每个人都有自尊心，有希望受到关注的天性。招待客人时，冷落任何一位客人都是不礼貌的。

同时到来的客人中间，谁是初次到访，谁是亲朋好友？哪位客人离得近，哪位客人是远道而来？哪位客人交通不便，需要提前迎接或提前走？

哪位客人有宗教信仰、饮食禁忌？哪位客人带了小孩？该为小孩准备些什么玩具？准备请客人在家吃呢，还是出去吃？如果在家吃饭，需要准备多少？如果出去吃饭，去哪里吃？吃什么？是否需要预定？这都需要仔细考虑。

客人很多，一个人应付不过来时，或暂时不能陪伴客人，要请家人或朋友一起招待或暂时代为招待，不要把客人晾在客厅里自顾忙活。我们最好和家人商议，过年的时候，家里可能同时来十几位客人，有的是给长辈拜年，有的是找小孩子玩耍。因为各自与主人的关系不同、长幼不同，客人们也许相互不认识。这种情况下，是否需要他们相互认识，以及哪些客人应该由自己接待，哪些客人应由父母接待，哪些客人应由兄弟姐妹接待，一定要做好分工，以便每个客人都得到最周到的接待。再者，留客人在家吃饭时，由谁做饭，由谁陪客人聊天，也不可忽略。

恰逢周末，张翰请几个四川籍的朋友吃饭。张翰想，四川人都爱吃辣，请他们去川味饭店吃饭肯定没错。张翰确定好了朋友们到达的时间，赶到集合地点，请朋友们参加已经预约好的晚宴。筵席上无菜不辣，都是饭店的招牌菜，花了很多钱。没想到一向活跃的小关在餐桌上一直不怎么说话。这次接待后，小关与张翰的来往淡了许多。原因就是小关虽然是四川籍，却从小生活在异地，并不太爱吃辣。看着张翰和另外几个朋友在餐桌上吃得热火朝天，他感到自己是个局外人，心想张翰这么冷落自己，何必继续交往下去呢？张翰就这样无意间失去了一个朋友。

请客人吃饭时，要考虑每个客人的口味，不要只按照自己的喜好，或者一部分人的喜好来准备食物。我们事先应该询问每一位客人："请问你不吃什么？"

招待有针对性，每个客人都是贵宾

我们要根据客人的年龄、喜好、性格等特点来确定招待的方式，以及与他们谈话的方法，我们要在待客过程中"一切以客人为中心"。

客人过得愉快与否，重要的在于你是否关心他、关注他。无论客人身份高低、年龄长幼，我们都要向他们给予同等的尊重。同时接待几位客人时，我们应该把身份、地位较高的客人请到"上座"。我们可以把喜欢安静的客人安置在不太引人注意的座位上，为喜欢阅读的客人准备一些杂志、图书，为喜欢音乐或电影的客人准备符合他口味的光碟，以备他做客期间随时需要。

请客聚会的一大主题就是谈话。作为主人，你要学会引导不熟悉的人主动讲话，让熟悉的人总能找到轻松有趣的话题。最好能找到一个大家都感兴趣的、有意义的话题，这样能很快使大家的关系融洽起来。

对于不太熟悉的客人，我们可以试着请他来说说自己，比如用这样的话开头："你的家乡是个什么样的地方啊？""你闲暇的时候喜欢做什么？"这些以对方为中心的开场白能很快激发客人的表现欲。我们要对他的话语表示诚挚的兴趣，这样自然而然客人就能消除陌生感，尽快找到让他感到轻松愉快的话题，这样主宾之间的交流就可以顺利地进行下去。

小四请好朋友赵明来家里做客，同时也邀请了另外几个赵明不认识的朋友。小四待朋友们到齐了，热情地为赵明和另外的朋友做了相互介绍，随后特地把赵明安排在与他性格相似的王硕身边。两个人自然而然地开始了交谈，赵明说："你喜欢电影吗？"王硕回答："喜欢啊！太喜欢了！"赵明说："太好了，我常常看电影杂志！"正为他们倒水的小四插话说："《加勒比海盗》第三部出来啦,听说周润发都参演了呢！"其他几个朋友听到小四的话,一起凑过来参加讨论,就这样,大家就电影展开了谈论,不时谈一点各自的看法。随着气氛的活跃,不同的话题不断由不同的人提出,其他人则积极参与。大家聊得很开心。临走时,赵明认识了小四的其他朋友,而小四的其他朋友认识了赵明这个新朋友。

我们要把性格相符的客人安排到一起,把爱好接近的客人安排到一起。

对于喜欢张扬的客人,请他坐到显眼的位置,并给他尽情谈话的机会,不要轻易打断他说话。当然,如果全场只有他一个人在说,而且话题无聊,其他人已经面露不悦之色,你就要不动声色地加以制止,以便大家都得到照顾。对于内向的客人,不要强行把他拉入讨论的圈子,也许他更喜欢做一个听众。当你看到他有加入讨论的念头时,你可以适当地把话题向他转移,或者很自然地把他引上发言者的位置。你可以对大家说："咱们听听他的看法怎么样？"或者很自然地面向他说："哎,你觉得呢？"对于任何客人,即使他的谈话显得很弱智,也不要嘲讽打击。对于某个客人提出的无聊话题,或过于沉重晦涩的话题、不便展开讨论的话题,我们要礼貌而不露痕迹地适当转移,不使客人难堪。

一个热情、风趣、细心、礼节周到的主人,一定能迎来高朋满座。

公务礼品公开送，私人礼品私下送

礼品的作用在日常交际中占据着"媒介"位置,起着不可忽视的作用。有人喜欢张扬，无论什么礼物都挑人多的时候送，觉得体面，而且觉得这样做是抬高了受礼者。有时候确实起到了良好的效果，但这样的送法有时候会惹出不愉快来。

小津在一家杂志社工作，连续三年都是社里的优秀个人，刚刚升任为副主编。老乡小琴从老家来北京看小津，带了一大堆家乡特产的干果：栗子、核桃、黑枣、花生。小琴自作主张地把礼物带到了小津的办公室，一进门就大声嚷嚷："小津，看我给你带什么来啦？"办公室的宁静一下子被打破了，大家纷纷扭头向小津这边看。小津红着脸简单招呼了小琴，并在送走小琴后把礼物分给同事们。同事们大开小津的玩笑："哟，刚升了副主编就有人给送礼，升了主编咱社门槛还不给踏破呀！"玩笑话传到领导耳朵里，就成了小津私受读者礼物的事实。年终评优秀个人时，小津意外落选。

俗话说"公私有别"，该公开送的礼品私下送，引起误会，该私下送的礼品公开送，无端惹出是非。送礼不注意场合，不仅吃力不讨好，还可能给受礼者带来麻烦。

因此给关系密切的人送礼不宜在公共场合进行，避免给别人留下你们关系密切完全是靠物质的东西支撑的感觉。只有礼轻情义重的特殊礼物，表达特殊情感的礼物，才适宜在大庭广众面前赠送。因为这时别人已变成你们真挚友情的见证人，如一份特别的纪念品等。

公务礼品公开送

公务礼品，即在公务、商务交往中涉及的礼品。送给合作伙伴的礼品、送给客户的礼品、为大型会议的参加者准备的纪念品、为外事活动准备的礼品，以及过年过节为员工准备的礼品、为促销而准备的礼品，均在此列。公务礼品只有公开送，才显得正式、隆重。

公司、企业举办隆重庆典，前来参加、祝贺的同行单位，应该在到会之初，由本单位的代表当众向东道主单位的负责人送礼；两个单位合作，客方单位到达主方单位时，主方单位的代表应该当众向客方单位的代表送礼；名人、教授应邀前来讲学，主方单位应该在迎接对方时，公开送出礼品；外国使团来我国相关单位访问，会见之初，应公开向我方单位送出礼品，同样，在送别外国使团的告别宴会上，我方单位应公开向对方送出礼品。

公务礼品送出时，送礼人是不能随便定的。代表单位送礼，礼品一定要由单位的最高领导来送；代表部门、车间送礼，礼品应该由单位的部门主管或车间主任来送。为表彰优秀员工的工作而送的礼品，也应由该员工的直接领导或最高领导送出，而不适合由同事代送。作为福利而送的礼品，可以由单位选择适合的负责人送出或发放。向重要客户送礼，只要条件允许，就应该亲自送出。

送礼的地点选择活动举行的大厅、会场、办公室等比较合适。本该送到公司的祝贺牌匾送到公司主管的家里；本该在公众面前送出的奖品私下里送，这样就让受礼者感到莫名其妙，也破坏了应有的和谐气氛。

张莉是一家电子公司的经理，再过两天就是一个大客户李总的生日。她为喜欢打高尔夫球的李总选购了一根高级球杆，并写了一张热情洋溢的祝福信，放在礼品盒中。李总生日这天，张莉打电话给李总："李总啊，今天是您的生日吧？但愿我没有记错。

给您备了点薄礼，我给您送过去？"李总接到电话很高兴地说："张经理呀，您真是细心，连我的生日都记得，真是太难得了！有时间的话，还请您赏光啊！礼物就免了。真是谢谢您！"张莉说："谢谢李总邀请，您过生日，我当然要过去祝贺一番啦！生日快乐！"张莉亲自开车把礼物送到了李总的公司。李总很开心地接受了张莉的礼物，并请张莉吃蛋糕。后来，李总与张莉公司的合作更多了。

借私人祝福加强业务联系，是一种很有效的企业公关方式。但因为这类送礼不是真正意义上的私人关系，因此在公开场合送还是很合适的。奉送礼物的同时，动作表情要自然，以免给人以贿赂之感。与受礼人寒暄时，不要强调礼物的贵重，但是也不能过于谦虚，那样看起来就太做作了，会让人厌烦。

私人礼品私下送

因为私人关系而表示慰问、感谢、祝福、请求等而准备的礼物，应该在私下场合送出。除了生日和婚礼这些众人集体庆祝、当众送礼的时刻，关系亲密的人之间送礼，最好选择私下的场合，否则容易引起不必要的误会或麻烦。只要条件允许，一定要亲自送。距离遥远或有特殊原因，才可以寄送或请可靠的人代送。送礼的地点可以选择对方的家中、双方约定的地点等便于双方单独相处的场所。

平时得到过某位同事的很多帮助，平素与某位同事关系不错，送礼物给对方时，一定要选择私下场合。

陈雯在某图书公司任职，在一次半月之久的出差任务结束返回后，为感谢同一部门男同事小郭帮他处理部分事务，她送给小郭一支金笔。礼物是陈雯亲自送到小郭的办公室的，一个爱说闲话的女同事嫉妒地说："呦，真是体贴呀，出差也不忘给咱公司的帅哥买礼物！"她的语气让陈雯感到很不舒服。没过多久，陈雯和小郭的绯闻就在公司里传开了，两个人碰面、说话都很尴尬。陈雯后悔不迭，因为难以忍受流言蜚语，没过多久，陈雯就找借口辞职离开了公司。

把私人礼物拿到办公场合，一方面会扰乱工作场合的秩序，一方面容易引起其他同事的猜疑和非议。

你拥有很多朋友，却只为最好的朋友准备了礼物，送出的时候，一定要选择私下场合。当众只给一个人奉送礼物，受礼人会感到不安，觉得受宠若惊或疑惑，没有收到礼物的人会嫉妒或失落，甚至可能不再做你的朋友。

如果一对男女的亲密关系还没有确定，并且其中一方并没有把握能得到对方的肯定，就不要在公开场合送出具有象征意味的礼物，以免对方误解为威胁。当着众多朋友的面送出礼物，甚至把礼物送到对方的办公室，都是不妥的。如果对方能够接受礼物，结局称得上皆大欢喜；如果对方不准备接受你的礼物，场面该多么尴尬！

将长辈和重要客人送到门外

"天下没有不散的宴席"，所有的聚会、访问都有结束的时候，私人来访或是公务、商务接待，总有告别的时刻。道别事小，关系重大。招待好了来客，不一定就说明你是个礼节周到的主人，因为在送别这一关上，主人的表现决定着客人对整个接待过程的最终评价。当来客说再见时，你是道别后立刻做自己的事呢，还是目送客人直到客人消失在视线之外呢？道别后，你是把客人送到室外呢，还是送到大门外？对于长辈和重要客人，你送人送多远？是否得体的送客决定着你此次待客是否成功，以及主客双方今后能否顺利地继续交往。

出门前：适时送客，得体挽留

宾主交谈过程中，主人要懂得察言观色。客人如果有抬起肘部或将双手放在座椅扶手上的动作，说明客人可能有离开之意，你可以礼貌地询问他："您今天有别的安排吗？"如果你已尽地主之谊，而客人还没有离去的意思，你也可以适当地用这句话暗示他。你还可以用适当的沉默告诉客人：时间不早了。如果客人不够聪明敏感，没有听出和看出逐客之意，你可以明确而诚恳地告诉他："如果不是时间太晚，我真想继续留您说话，但咱们都不能耽误别的事啊。"如果你临时有事必须送客，需要向客人说明原因并道歉，表明"希望有机会再叙"的态度，千万不可唐突地下逐客令。

李昕到新认识的老乡刘扬家做客，吃过午饭，稍坐了一会儿，李昕提出告辞。刘扬露出惊讶和不舍的表情说："哎呀，都是在外面闯荡的，好不容易老乡见老乡，就这么一会儿就要走啊？说什么也得再待会儿！坐下坐下！"说着就去按已经站起身的李昕。李昕为难地说："算了老刘，客气什么呀，都吃过午饭了，再坐下去会耽误你们休息的。改日你上我那儿去，咱们来日方长嘛！"边说边要走。刘扬一把抓住李昕的胳膊，说："看你说的什么话，谁跟你客套了，让你坐你就坐嘛！"李昕觉得盛情难却，就真的又坐下了。这下刘扬心里暗暗叫苦了，他想："怎么叫你坐你就又坐了呢？真不懂礼貌！"两人重新坐下，却不知道再说什么好，很是尴尬。怪就怪刘扬的挽留太过分了，任凭谁都会当真的，何况脑子不爱多想的李昕呢。

若客人确有告辞之意，主人要适当地挽留，以示礼貌和对他到来的欢迎和感谢。挽留要适可而止，避免过于客套和虚情假意，免得你拉着客人的胳膊做出诚意挽留的样子，客人无奈重新坐下，接下来的尴尬让主客都不好收场。

客人提出告辞时，主人一定要放下手中的事，用亲切、挽留的目光直视客人的眼睛，礼貌应答。送客时，必要的话帮客人取外套、携带的物品，嘱咐客人保重。如果客人来时带了礼物，应该对礼物表示赞美和感谢，如有回赠的礼品，及时装好后请客人带上。送客前，主人要想一想是否还有什么话要对客人说，或还有什么物品客人忘记带走，还应该询问客人："有什么需要我效劳的吗？"宾主道别时，主人应待客人起身后，再站起来，以免给人留下迫不及待送客的印象。如果宾主交谈期间出现了什么矛盾，送别时的热情和体贴能使矛盾淡化，适当改变你留给客人的不良印象。

出门后：礼貌道别，依依惜别

人人都希望受到尊重和重视，体现在做客拜访上，就是希望主人能在送别时显得隆重些。无论接待私人来访还是接待公务、商务来访，送客都要送到门口或街巷口，如果客人说"留步"，你就真的留步不再送了，客人会很失望。客人出门时，要态度恭敬地主动地将长辈和老人搀扶出门，并走在长者身后。客人如果随身携带重物，应该帮客人拎，或者找车运送。

　　送客出门后，关门要轻。尤其在送长辈和贵客时，千万不要在对方刚出门时就用力地关门，这样一来，你待客时的千般热情都在这匆忙无情的关门声中失去了意义。

　　如果是久别重逢的朋友，你想临别前多说几句话，或者你有话想对客人单独交代，送客到门外再走一段是个好时机。如果客人是和别人结伴而来，送客送远一点能充分表达你对他们的尊重。

　　贝尔应邀访问十年前认识的中国朋友常青。临走时，常青取出事先买好的机票，并为贝尔准备了一件包装精美的石雕工艺品作为礼品，亲自开车带着妻子和女儿将贝尔送到机场。待贝尔下车后，常青的妻子和女儿分别与贝尔握手，祝福，并目送贝尔登机。贝尔进舱前，向常青一家人频频挥手，常青和家人也微笑着挥手。飞机起飞了，贝尔坐在靠窗的位置回望机场，只见常青和他的家人仍然站在原地，注视着飞机，他们这一家的形象深深印入了贝尔的脑海。贝尔再次访问中国时，听说常青在做汽车卫星定位系统的项目，他热情地帮常青联系了一个合作伙伴，常青的事业因此得到迅速的发展。

　　送客一定要"送到家"，客人走出后，一般还会回望，你应该目送他到消失在彼此视线之外为止。对于初次到来或远道而来的客人，尤其是长辈和贵宾，应该事先为他买好车票、机票或船票，顺便买些食物饮料之类供客人路上备用。要将其送至车站、机场或码头，并待车船启动并消失在视野中后再自行返回。在此期间不要表现出急躁不安，也不要有催促和看表的动作，以免客人误解。如果你有事不能远送，一定要向客人说明并道歉。

分别时，要用惜别的语气和表情祝福客人，表示问候，你可以请客人代为问候他们的家人和朋友，"请向叔叔阿姨问好""代我问候尊夫人"等等，此外必不可少的客套话千万别忘了，"慢走""一定要再来""多多联系"等等，虽然平淡无奇，却不能省略。如果是事业上的合作伙伴，此时要与其握手，感谢他们的到来。

懂得送别的人能留住朋友，善于送别的人朋友长久，懂得送别的商人能留住客户，善于送别的商人客户长久。送别，你做好了吗？

参加会议时要关掉手机

如何使用手机，是早已纳入日常交往和公务、交往礼仪规范的内容。但是手机的使用，可不能像广告里说的"随时随地"！参加重要会议时，如果你的手机不合时宜地响起来，相信你立即会成为全场瞩目的焦点，也必然是狼狈的主角，成为别人眼中不懂礼貌的家伙。无论是会议主持者，还是普通参与者，在会场上都应自觉维护会场秩序。

从我做起，杜绝会场噪声

我们每个人都经历过开会的场景，在一些大型会议上，会场中响着众人集体窃窃私语时特有的嗡嗡声，夹杂着座椅翻动的声音、接打电话的声音……其实，如果人人都注意一点儿礼仪，这种杂乱的场面就可以避免了。

会场上，保持安静是必需的。手机是会场噪声的主要来源之一。开会时，手机要关闭并尽量放在方便取用又不显眼的地方，比如包里或外套上衣的内兜里。如果你是会议的主持者，开会之前，你可以暂时将手机交给秘书保管，或者放在自己身后。一定不要放在自己面前的桌上，更不要拿在手中把玩、翻看。

韩美丽在公司里就非常爱出风头，除了衣着打扮上标新立异，她的手机也总是更换新的铃声。同事常常拿她的手机开玩笑，每次见到她的第一句话往往是："又给手机换铃声啦？"开会时，她也不舍得将手机关掉。一次公司召开员工动员大会，在聚集着200多人的会议室里，董事长刚讲了两句话，韩美丽的手机就不合时宜地响起了激昂的交响乐。众员工听到后面面相觑。董事长不满地向台下看了一眼，继续讲话。董事长的讲话告一段落时，韩美丽的手机再次响起，这次铃声变成了舒缓的女声独唱。董事长顿了一下，冲着韩美丽的方向，露出一个意味深长的微笑。年底公司裁员，名单上的第一个名字就是韩美丽。

在会议场合，需要等待重要电话，手机非开不可的话，应该将其设置成静音状态。如果一定要接电话，必须压低声音，最好是到会场外去接。除了手机，在会场中，应避免携带收音机、阅读器、游戏机等物品，更不应使用。如果会议允许参加者携带笔记本电脑，应该避免在会场上使用与会议无关的功能，如玩游戏、看电影、聊天等等。

除了会场中为与会者准备的茶水，到会者不应自带饮料并喝出声音，更不能携带零食在会场上大嚼消遣，这样既会发出噪声，又会影响别人的心情。

每个会议参加者都要自觉地不制造噪声，不大声喧哗，不交头接耳，不对发言者指指点点。当别人发言时，要得体鼓掌。如果想发言，要按照会议规定举手或按铃，但不要和其他人争抢机会。当别人发言时，不要打断或插嘴，更不要拍桌子吹口哨，乱喊乱叫。

每次开会总会出现这样的事：大多数人在专心听讲，而个别人不时地在会场走动、进出，有的甚至讲话。众所周知，会场是有纪律的，个别人的这种"违规"现象，既影响会议质量，又滋长散漫作风，也是对与会者的不尊重。因此，与会者在开会前应尽量把各项工作和事项处理妥当，这样会场秩序才会井然。

重视自我形象，不做反面的焦点

每位与会者，从台上到台下，都应重视自我形象。作为会议的主角，如主持人、主席团成员、发言人，尤其应该重视自己的仪表和会场礼节。

主持人肩负把握会议大局的重任，必须对会议的各个环节和主题都熟稔在心，能够调节会场气氛，调动与会者情绪，维持会场秩序，并做好应付突发事件的准备。主持人的仪表向人们昭示着会议的规格和性质，在着装和仪容风格上，主持人一定要根据会议风格而定；主持人的言行影响着会议的效率和成功与否，因此一定要从容大方，从会议的利益出发，不掺杂个人的情绪，对待任何与会者都做到尊重、热情、亲切。

主席团成员是大型会场的焦点人物，一举一动都被众人看在眼中，千万不能出错。当别人发言时，主席团成员要认真聆听，根据发言者的内容及时做出反应。当会场上人们鼓掌时，主席团成员也要适当鼓掌，并做出相应的表情：或微笑，或赞许，或鼓励。主席台上的人，相互之间不应该交头接耳或做出夸张的动作和表情。轮到自己发言时，一定要简短有力，减少停顿和没有实际意义的语气词、口头禅，方能显出风范。

李聪最近由于出版了一部颇受欢迎的长篇小说，受到读者和媒体的追捧，各种研讨会也邀请他出任嘉宾。在一个青春小说新秀作者的作品研讨会上，李聪坐在嘉宾席上，神情懒散，仰身坐着，嘴里还不停地嚼着口香糖。主持人请嘉宾发言时，李聪面无表情地继续在座位上停留了几秒钟，才慢悠悠地站起来。李聪不着边际地发表了一通感慨，大意是现在跟风写作的学生太多了，基本上没什么好作品，说到新秀作者的作品，他居然说："我没有看，所以就不妄加评论了。"在场的记者纷纷把摄像镜头对准了李聪，李聪面露得意之色。由于李聪是代表自己创办的文化公司出席研讨会的，会议结束后，他的公司很长时间无人问津。

会议嘉宾也是众人关注的对象。如果你是会议嘉宾，出席会议时要显得谦恭礼貌，尊重并遵从会议举办方的安排，维护自己的公众形象，展示自己所代表的单位的良好作风。

发言人的每句话都会影响到会议的进程，发言人的发言如果没有针对性，花哨而缺乏实质性内容，没有"含金量"，会议的质量和效率就无从谈起。发言人一定要尊重每位在座的人，按照主持人的要求或提示，从会议精神出发，精神饱满、思路清晰地发言。发言前后，都要礼貌地向主持人和其他与会者致礼。

普通与会者虽然不一定参加发言，没有坐在众人瞩目的位置，也应仪容整洁、举止端庄，注意力集中，不做小动作。

递名片时要把正面朝向对方

随着人们交际圈的扩大，名片——这一小小的交际工具的作用越来越不容小视。对于个人，它是简洁的自我介绍；对于企业，它是一张小广告。小小名片，兼具自我介绍、通讯录、备忘录、广告的功能，越来越多的人把名片作为体现个人品位或企业风采的窗口。名片能避免社交中因为陌生而可能产生的尴尬，有时还能代替介绍信和问候信，它使人们交往起来更为省时省力。"不会使用名片的人就不懂得如何交际"，这种说法正在被越来越多的人认同。递出名片时，要表情自然，微笑着注视对方的眼睛，同时用双手的拇指和食指各执名片上端的左右角，使正面朝向对方，以齐胸的高度不紧不慢地递给对方。注意要把字体正对对方以便对方阅读。名片递出的那一刻，也许就有一扇机会的大门向你敞开了，你不懂得如何正确使用名片，机会可能就会与你擦身而过。递送名片的时间、地点、对象，名片的接受、存放都很重要，都需要充分考虑，符合礼仪规范。

递名片，谨慎礼貌

谨慎发放。递名片前要察言观色，如果对方不打算与你深交，只是礼貌性地应酬，就不必递送名片给他。如果对方的身份地位高出你很多，并且你与对方没有交往的必要，也不必递送名片。此外，面对索要名片的陌生人，在不清楚对方来头之前，不要贸然递名片，更不要像发传单一样见人就递名片，以防别人接受后随手扔掉，或被别有用心的人利用。如果你不想和对方交往，你可以得体地告诉对方：名片已经用完了，日后有机会再联系吧。

见机发放。递送名片的时机应该在见面之初或告别之际，在做过介绍之后递出。递送名片时，要选择对方方便的时候。如果对方正在整理物品、与别人举杯相庆、与别人握手，与别人谈话或正在忙于事务腾不出手，这时候递送名片是有失礼仪的，会让对方不知所措。

陈飞是一个初露头角的女歌手，在一个大型歌舞晚会上，她以一首成名单曲获得了观众的热烈掌声和年轻粉丝们阵阵疯狂的尖叫。这种场面让她格外激动、得意。陈飞到后台休息时，看到了恭候她多时的几个娱乐新闻的记者。一位记者热情地对陈飞说："请问能否和您交换一下名片？"说着用双手将自己的名片正面朝向陈飞递过去。陈飞依然摆着矜持的明星派头，轻轻从包里抽出一张名片，背面朝上，字体正对自己。不等记者接过，她的名片就从手中落到了地上。记者淡淡地说了句"谢谢"，就走了。第二天，娱乐新闻里就出现了《小歌手摆大明星谱》《悲哀：不懂礼仪的流星》等一批批评和讽刺陈飞的文章。陈飞被公司高层狠批了一顿，她的演出邀请因此也而减少很多。

我们一再强调，递送名片给别人时，一定要让名片正面朝向向对方。无论你地位、身份如何，递送名片时一定要遵循礼仪规则。

循规蹈矩。递送名片时可以适当说点客套话，比如"您好，这是我的名片""我的名片，请多关照"等等。递送名片的顺序通常是先向身份、地位高者递，先向女性递，先向客人递，先向长者递。如果你面对的是一个群体，不清楚对方的身份或年龄，可以先向自己左侧的人递送，也可以按照顺时针方向或由近及远的次序递送，而不要随意先递给你看着顺眼的人，这样会给别人留下不好的印象。当你和领导一起拜会客户时，领导递出名片后，你才能递送。当别人向坐着的你索要名片时，递送名片前，你首先应该站起身，并欠身回应对方的问候。

当别人要求与你交换名片时，如果你没有或者已经用完，要礼貌地表示歉意并说明情况，必要的话可用便条纸替代，写清个人资料，像递送真正的名片那样递给别人。

接名片，恭敬有加

递名片给别人要礼貌，接受别人的名片，同样要礼貌，要恭敬有加。

别人递给你名片的时候，一定要站着双手接受，接过名片后不能马上装起来，而应先拿在手中仔细看一遍，以表明对递送者的尊重，同时也方便我们确认对方的身份，从而能正确地称呼对方。

明川参加一次鸡尾酒会时，没找到名片夹，就把自己的名片随便放在了手包里。一位看起来很绅士的男士远远地走过来，礼貌地和她寒暄，然后稍作自我介绍，递给她一张自己的名片，问道："请问小姐怎么称呼？"明川回答："我叫明川。"她用右手的食指和中指一夹，接过那位男士的名片，看也不看就放进了包里。明川紧接着取出一张自己的名片送给男士。男士微笑着双手接过明川的名片，轻轻读上面的字，然后小心地将它放进自己的名片夹。男士很礼貌地说："谢谢，希望以后能常联系！"实际上，男士在鸡尾酒会结束后，再也没有和明川联系过。

我们应该把收集到的名片整齐地存放在专用的名片夹里，里面不要放购物卡或者优惠券等无关的杂物。名片夹要放在拿取方便的衣袋或皮包里，千万不要半天掏不出来或找不到，以至于随便地将别人的名片扔在桌上、放在裤兜里、夹在书里。

收到名片后，应该向对方表示感谢，如果自己有名片，取出一张回送给对方为好。如果没有，要诚恳地说明情况，并在事后补送名片给对方。

名片是一种资源。交换过名片，与人告别后，要及时做记录，并对手中的名片进行分类整理，以备日后联系。小名片其实大有天地，可不要小看它哟！

名片内容，精简是关键

递送名片和接受名片，我们需要言行举止上的礼貌。你有没有注意过名片的内容呢？如果名片的内容不规范，说明它的主人不懂礼仪。

名片上的内容，一般应包括姓名、主要职务、联系方式三项。如果是应付点头之交的社交名片，只印自己的姓名和籍贯即可。如果是公务名片，除姓名外，名片的主要内容应包括工作单位全称、所在部门、自己的职务、工作用联系方式及公司徽记。如果名片是用于私人交往，应印上自己的个人手机号码、家庭电话号码、私人电子信箱等内容。

名片上应尽量使用规范的字体，少用看起来怪异、难以辨认的字体。不要将两种或两种以上的语言混杂着印在同一面上。如有必要，应将名片正反两面的语种分别进行统一，比如正面用本国语言，反面印另一个国家的语言。除非是企业宣传用，名片不要印描述性的华丽辞藻，而应使用简洁准确、符合语言习惯的文字，以免给人留下虚荣心强、华而不实的印象，甚至给交际带来不便。在整体符合规范的前提下，你可以用标志性的图章、签名等凸现自己的风格，但必须保证别人能看清字形。

陪同客人乘电梯要先进后出

城市里的高层建筑像雨后春笋般竞相拔地而起，高大的写字楼动辄几十层，人们不可能再靠徒步爬楼来解决上下楼问题。电梯的作用，在高楼里越来越重要。在那个窄小的空间里，其实有很多礼仪问题需要注意。

小澄所在公司的行政助理请假了，于是她被派出去接待几个客人。接待经验不多的小澄有点儿不好意思地问同事小群："陪客人乘电梯，在进出的时候，有没有先后的讲究啊？"小群说："呀，我还真不知道，我没留心过！"小澄又问了几个人，才知道，接待客人时，乘电梯要先进后出。小澄虽然是第一次做接待工作，但因为她谦虚好学，又懂礼貌，很快弄清了接待客人的几个原则，圆满地完成了接待任务，得到了客人的欣赏和经理的夸奖。

乘电梯，看似随意，其实不随意。一步之差，你犯下的错误就收不回来了。

进出有序，上下有礼，没有人欢迎"出头鸟"

陪同客人乘无人操作的电梯时，先在电梯门前按呼梯按钮。电梯门打开后，先进入，之后一手按开门按钮，一手扶住电梯厅门一侧，请客人进入轿厢。当你接待的客人有多位时，应按照客人的身份、职务、年龄，请他们按顺序进入。请女士、上司和老者先进入电梯。最里侧是电梯内最优越的位置，要让给地位最高的客人，离电梯门稍近的位置，给身份第二高的客人。接待人员要站在靠近操作键的地方，以便及时为客人服务。当客人全部进入电梯后，按关门按钮关电梯门，随即按下目的地楼层的数字按钮。

张衡负责接待一位美国工程师，陪同对方乘电梯前往公司所在的楼层。乘电梯的人很多，接连等了十几分钟都未能等到电梯。好不容易电梯门开了，旁边又挤着一大堆人。张衡情急之下，一把拉着美国工程师要抢先进电梯。美国工程师不解地说："你为什么抢在别人前面？"张衡尴尬地解释道："我怕你等得着急嘛！"美国工程师说："我不会因为等待而着急，却会为你的不礼貌而着急！"美国工程师坚持等下一趟电梯，张衡只好同意。美国工程师说："张，你的行为让我感到很惊讶。我们今后不要再合作吧！"任凭张衡百般解释，也未能留住美国工程师。

接待重要客人，应该尽量让客人们专门使用一部电梯。如果条件达不到，当有其他人同时使用电梯时，要礼貌应对，不要争抢。

到达目的楼层后，接待人员要一手按开门按钮，一手做出请的动作，同时说："您先请。"待客人走出电梯，接待人员随后走出，并引导客人前进。

当我们乘有人操作的电梯时，接待人员要"后进后出"，其他礼节与乘无人操作的电梯相同。

乘机场、地铁、商场里的平面移动电梯或手扶电梯时，要站在黄线的右侧，不要并行站成一排，以免挡住后面的人前行。并且不要像走楼梯那样沿着阶梯上行或下行，安静地稍待片刻，电梯自然会上去，太着急的姿态会让你显得很不雅。此外，乘手扶电梯时，要防止随身的细小物品掉进电梯的缝隙，也要防止衣服被夹或被绞。

讲究礼节，言行规矩，牢记"沉默是金"

接待客人时，乘电梯注意礼节很重要，因为在这样小的空间里，所有的细节都将被放大。电梯内空间狭小，导致人与人之间距离过近而彼此感到尴尬。在电梯里，我们与客人保持45度的斜角，要比正对或背对客人更礼貌。我们的视线应平视，目光应该放到对方的身后，但不要投向客人的身体和眼睛，你的眼睛的余光足够用来观察客人。如果是几个人一起陪同客人，当电梯满员时，要先请接待人员出去几位，而不能让客人走出电梯。进出电梯时，应该侧身而行，免得碰撞别人。当我们携带很多东西时，注意别让东西碰撞了别人。不小心撞了别人、踩了别人，要赶快说对不起，如果别人不小心碰撞了你，要微笑着回应他的道歉说"没关系"。

在电梯内，要尽量站在里面的位置，以便为后来者留出空间。人多时，更要侧身而站，面向电梯厢壁，以免给别人造成视觉压力，同时也避免受到别人的视觉压力。出电梯前，要换到靠近门口的位置，便于及时走出。

当电梯内人多时，不要强行挤进去，以免电梯超载或撞到别人。电梯关门时，请不要强行扒着门缝，显得很不礼貌，不如干脆等下一趟好了，更何况，万一出了事故可不好收场。

在电梯内，不要挡住操作按钮，以免妨碍他人使用。如果电梯载重量允许，有人要进，但电梯门即将关闭时，电梯内的人应该替他按住开门按钮，为对方进来留出时间。千万不要让对方眼睁睁看着你将他关在外面。电梯内人多时，如果你的位置靠近操纵按钮，你要表现出绅士风度，为有需要的人操作按钮。

公司即将举办订货会，王叙将几位老客户接到一家大酒店，安排他们在那里住下。王叙引领客商乘电梯前往预定的楼层。在电梯里，王叙感到喉咙里有些痒，就尽量克制着自己不咳出来。但他终究没忍住，只好向客商们说了一声"对不起"，随后转过身去取出纸巾捂在嘴上轻轻咳出口中的痰。出电梯时，王叙随手将揉在手心的纸巾丢在了电梯地板上。这动作被其中一个客商看见了，他若有所思地看了一眼重新关闭的电梯门。订货会结束后，几位客商订的货比上年少了一半。其中一位客商表示，这是最后一次订货。

在电梯里，我们要保持良好的行为习惯，不要让不经意的小动作损害了自己的形象。

有的人在电梯里旁若无人地接打电话，让旁人感觉很别扭。如果你的电话内容属于私密，在电梯里接打就更不合适了。有的人在电梯里吃零食，有的情侣在电梯里亲密无间，让人无处躲避。不要让这些行为出现在我们的身边。

在电梯内不要聊天，遇到熟人，点头、微笑即可，议论家长里短就太不合适了。当我们与很多陌生人同乘电梯时，交谈更是大忌。在窄小的空间里说话，会给其他人压力，同时也有可能闲谈中泄露秘密或错过楼层。请牢记：在电梯里，沉默是金。

第八章

生活习惯：
细节养成习惯，习惯决定健康

小动作中的大健康

研究发现，油漆工中风发病率明显低于其他职业的人。研究人员再三分析认为，这可能与漆匠们在工作时频繁地"摇头晃脑"有关。因为油漆工在挥动漆刷时，必须不停地上下点头，左右旋转脖颈，这其实是一种有利于预防中风的、轻柔的颈部运动。不只"摇头晃脑"，还有很多的小动作都有运动的功效，与我们的健康密切相关。

在日常生活中，健身不一定需要多少投资，也无须太多的时间，只要我们加以留意，便有许多简便易行的方法，乃至日常的习惯小动作，都可以作为良好的健身手段。但是有些不良的小动作也会影响人的健康，要注意避免。

对健康有益的小动作

有些小动作对健康有益，也不用找专门的时间，随时随地都可以做。

吸气。深吸气短呼气可以促进肺部排尽浊气，增加肺活量，增加血液的含氧量，加快血液循环，使身体处于松弛状态，使大脑兴奋和抑制状况趋于协调，可消除悲伤痛苦、紧张焦虑以及精神压抑感，从而有益于机体内环境的调节和稳定，使机体脏腑功能得到充分发挥。

打哈欠。打哈欠时，人的呼吸道能够扩张到最大限度，因正常活动而紧张的肌肉会放松。当哈欠即将打完时，人会在瞬间像睡着了似的失去知觉。专家认为，打哈欠时人会不自觉地做深呼吸，这有利于清除肺部浊气。此外，打哈欠可以帮助人减轻疲劳和心理压力，瞬间的失去知觉能使大脑得到片刻休息。

头皮按摩。头皮上有很多神经末梢，有些神经末梢距离大脑很近，头皮上的信息很容易传入大脑。手指在头皮上按摩，能轻柔地刺激头皮上的神经末梢，通过神经反射，使大脑皮质的思维功能增强。经常按摩头皮，大脑皮质的工作效率得到提高，兴奋和抑制过程互相平衡，生命力就会增强，全身能更好地适应外界环境。

"摇头晃脑"。"摇头晃脑，中风减少"，这是心血管专家在对中风的发病情况进行职业分析时受到启示并提出的。旋转头部增强了头部血管的抗压力，颈部的肌肉、韧带、血管和颈椎关节也因此增强了耐力，并减少了胆固醇沉积于颈动脉的机会，不仅有利于预防中风，还有利于高血压、颈椎病和青光眼的预防。

耸耸肩膀。耸耸肩膀，能使肩部的神经、肌肉、血管得以放松，活血通络，有益于防治肩周炎。因为它又是一种由颈部参与的运动，为颈动脉血液流入大脑提供了人工驱动力，迫使流动迟缓的血液加速流向大脑，因而减少了脑血管供血不足和发生梗塞的危险。

甩手。甩手过程能积极活动肩肘关节，促使手腕振动。

甩手运动任何人都可操作，尤其对老年人和久坐伏案者更适宜，且不受时间和场地限制。当感到疲劳时，放下手上的事，来一次甩手运动，确能起到消除压力、恢复体力的效果。

搓手。经常将双手放在一起摩擦，主要有三个方面的好处。一是常在户外工作的人，这么做可以预防冻疮的发生；二是常搓双手，能使手指更加灵活自如，同时对大脑也有一定的保健作用；三是生活和工作于室内的人，经常这样搓手，能促进血液循环和新陈代谢，预防感冒。

踮脚。人的腿部肌肉发达，肌肉中又有大量血管，人在踮脚、落下的过程中，腿部肌肉就会一紧一松。当肌肉放松时，来自心脏的动脉血液会增加向周身的灌注量；当肌肉收紧时，会挤压血管加快静脉血液回流到心脏，从而促进血液循环。

多动脚趾。灵活地运动脚趾不仅有助于大脑的健康，还是人体健康的晴雨表。脚趾活动减少已经成了腰痛等一系列"文明病"的病因。因此，如果要保持身心健康，就应多行走，并让脚处于灵活活动的状态，应多穿拖鞋，最好赤足。

动手摇扇。摇扇，需要手指、腕和肩部关节、肌肉的协调配合，可使手指、腕和肩部关节、肌肉得到锻炼，不仅可以促进上肢的血液循环，还可以增强和提高上肢的肌肉力量以及各关节协调配合的灵活性，锻炼肩关节肌肉韧带，从而有效地预防肩周炎。

对身体健康有害的小动作

上面的几种小动作对身体是大有裨益的，每天坚持做这些非常容易的小动作，可以使身心健康更上一层楼。可是，并不是所有的小动作都能收到如此好的效果，有些小动作对身体不但没有丝毫好处，而且可能给身体健康带来很大伤害。

咳嗽时捂嘴。咳嗽时，若用手捂嘴，会导致上呼吸道压力急剧增高，使细菌由咽鼓管驱向中耳，导致中耳感染。另外，捂嘴还会使食物残渣呛入鼻腔，刺激鼻腔黏膜而打喷嚏。若遇到刺激性较强的食物，会导致鼻黏膜因强烈刺激而充血、水肿，发生鼻塞流涕甚至发炎。

咬嘴唇。一紧张就咬下嘴唇，咬出血都没有感觉，这个坏习惯会造成嘴唇皲裂，还有可能造成细菌感染，甚至患上唇炎。

挠皮肤。有些人在焦急的时候总是不自觉地挽起袖子，用指甲挠抓有些发干的皮肤，甚至会把皮肤抓破。这样做容易感染皮疹、水疱，造成皮下出血，或者患上皮肤病，对健康非常不利。

舔嘴唇。在干燥的季节用舌头舔嘴唇会造成两个问题。一是会造成唇角发炎。当用舌头舔嘴唇时，会在唇部留下唾液。唾液中含有多种能够帮助消化的酶，其中有两种酶，一种叫淀粉酶，另外一种叫麦芽糖酶，均可引起唇角发炎，这是因为在唇边残留的这两种酶等于在"消化皮肤"。

舔嘴唇造成的另外一个后果是较为常见的刺激性皮炎，也是唾液惹的祸。因为用舌头舔嘴唇时，所带来的水分会蒸发，而蒸发时，又带走了唇部本来就比较"紧张"的水分，使得嘴唇更感干燥。然后就是越干越舔、越舔越干的恶性循环，最后就在唇部造成了类似湿疹的后果。不过这种"湿疹"不是"湿"的，而是"干"

的，会使嘴角的皮肤变得粗糙，出现与周围皮肤不一样的颜色。

这些不起眼的小动作可能会影响你的健康，所以我们在日常生活中要注意细节，不要因小失大，要时时刻刻保持警惕，只有这样，才能保持健康。

长期熬夜害处多

生活中，很多人都有过熬夜的经历。有人是为了准备明天的考试，有人是为了看一场心仪已久的电影，有人是为了欣赏一场激动人心的球赛，有人甚至是为了能专心致志地工作。无论为了什么熬夜，都应该明白，偶尔熬夜虽无大碍，但经常熬夜会"熬"掉你的健康。

熬夜的害处

习惯熬夜的人越来越多了。对于有些人，熬夜甚至已经成为正常生活的一部分。但是从健康的角度讲，熬夜害处多多。

经常疲劳，免疫力下降。人经常熬夜，会造成疲劳、精神不济等后遗症；人体的免疫力下降，容易患感冒，出现胃肠感染、过敏等自律神经失调症状。

容易发生骨质疏松。长期熬夜者多夜间工作，白天补觉，户外运动较少，缺乏紫外线照射，容易导致维生素 D 缺乏，发生骨质疏松。

视力下降。长时间超负荷用眼，还会使眼睛出现疼痛、干涩、发胀等问题，甚至使人患上干眼症。眼肌的疲劳还会导致暂时性的视力下降。如果长期熬夜、劳累还可能诱发中心性浆液性视网膜炎，使人出现视力模糊，视野中心有黑影，视物变形、扭曲、缩小，视物颜色改变等问题，还可能出现视力骤降的情况。

皮肤受损。一般来说，皮肤在晚间 10 ~ 11 点进入保养状态。如果长时间熬夜，人的内分泌和神经系统的正常循环就会失调，皮肤会出现干燥、弹性差、晦暗无光、缺乏光泽等问题；而内分泌失调会使皮肤尤其是年轻人的皮肤出现暗疮、粉刺、黄褐斑、黑斑等问题。

失眠，烦躁，神经衰弱。长期熬夜会出现失眠、健忘、易怒、焦虑不安、神经质等亚健康症状的表现。

头痛。熬夜的隔天，上班或上课时经常会头昏脑涨、注意力无法集中，甚至会出现头痛的现象，长期熬夜、失眠对记忆力也有无形的损伤。

生育力下降。经常性熬夜会影响男性精子活动能力与数量，也会影响女性激素分泌及卵子的品质，月经周期也可能会受影响。

采取措施，减少熬夜伤害

在不得不熬夜时，事先、事中、事后做好准备和保护是十分必要的，至少可以把熬夜对身体的损害降到最低。

事前准备工作：

按时进晚餐。多补充一些含维生素 C 或含有胶原蛋白的食物，利于皮肤恢复弹性和光泽。鱼类、豆类产品有补脑健脑功能，也应纳入晚餐食谱。另外，还要注意晚饭不能吃太饱。

晚睡不"晚洗"。一般而言，皮肤是在 22：00 ~ 23：00 之间进入晚间保养状态。这时是皮肤吸收养分的好时机。有条件的晚睡者，在这段时间里，一定要进行一次皮肤清洁和保养。用温和的洁面用品清洁之后，涂抹一些保湿营养乳液，这样，皮肤在下一个阶段虽然不能正常进入睡眠，却也能正常得到养分与水分的补充。

多喝白开水。熬夜过程中要喝足够多的白开水，或者喝枸杞大枣茶或菊花茶，既补水又有去火功效。

少喝浓茶或咖啡。由于睡眠的缺失，喝浓茶、咖啡或酒类等维持兴奋是晚睡人习惯采用的方法，但这样容易出现黑眼圈、眼袋等，而且它们对人体有很大的刺激作用，非常不利于健康。

注意保暖。特别要注意肚子的保暖，防止冻着肚子。

熬夜过程中要注意的事项：

熬夜切忌中间上床休息，要等忙完再休息。熬夜的时候我们会感觉很累，但是无论多累，中间最好不要上床休息，就像机器一样，突然开、突然关，对身体非常不好，一定要等事情忙完再休息。

若困乏的时候事情还没有忙完，则可喝少量咖啡或茶水等有刺激性的饮品来提神，但要注意应热饮，浓度不要太高。

熬夜时，大脑需氧量会增大，应时时做深呼吸。

熬夜后的补救措施：

熬夜后要补充睡眠。熬夜后，可以适当通过午睡或晚起把失去的睡眠补回来，但是不能一直赖床不起。

睡前或起床后用 5～10 分钟敷一下脸，为肌肤补充水分。

起床后洗脸用冷、热水交替，刺激脸部血液循环。

涂抹保养品时，先按摩脸部 5 分钟。

早上起床后，先喝一杯枸杞茶补气养身。

做个简易的柔软操，让精神好起来。

早饭一定要吃饱，并保证营养丰富，但是不能吃凉的食物。

做一些运动，如跑步、瑜伽、羽毛球、乒乓球等，可以摆脱熬夜后的萎靡状态，也有助于身体健康和精神愉快。

常饮水有益健康

地球上的任何一种生物都离不开水，不论是低等生物还是最高等的人类。动物禁食后可以活十几天，但如缺水则只能维持几天，人也不例外。因为水是维持生命的主要成分之一，约占体重的 70%。人体器官、组织含水量一般都在 70% 以上，而血浆、脑脊液等则在 90% 以上，就连我们的骨头也含有 16%～46% 的水分。人体每时每刻不断地经过呼吸，汗腺、尿或粪便中排出水分，一般说来每天尿量约 1500 毫升，从肺排出水约 400 毫升，皮肤汗腺蒸发约 600 毫升，粪中约 100 毫升，共计 2600 毫升。如果没有水的补充，必将发生失水。对于人来讲，假如体内丢失 15%～20% 的水，生命就处于危险之中。

水对人体的重要作用

新陈代谢的全过程，几乎每一环节都需要水。如果没有水，生命将停止。水除了参与新陈代谢外，还有其他很多作用。

调节体温。大家知道，人的正常体温总是恒定在 37℃左右，这是水的功劳，没有水的调节是无法实现这种恒定的。人体的血液中 80% 是水，血液在全身循环流动，使全身各部的温度保持一致。当外界气温过高或体内产热过多，神经系统的体温中枢就会让血管扩张，加大血液循环，把体内多余的热量通过出汗和呼吸散发出去。如果外界气温低，人体感到冷，体温中枢就让皮肤血管收缩，减少体表的血流量，使散热减少，所以，能使体温一直保持不变。

有利于稳定情绪。在夏季，人们的情绪容易发生波动，从而出现心烦意乱、失眠多梦等症状。医学家发现，当一个人的心情烦躁、情绪不稳时，慢慢饮用少量的白开水，有一定的安神镇静之效。睡前少量饮水，可以将你带入甜甜的梦乡。

有利于氧气供给。除了呼吸系统外，胃肠道也能吸收氧气，而这些氧气是由饮食，主要是水携带的。人的呼吸需要水，适当饮水可使肺部组织保持湿润，肺功能舒缩自如，有利于顺利地吸进氧气，排出二氧化碳。

水是最好的美容液。平时喝足量的水，可使组织细胞的体液充足，皮肤细嫩有光泽，并富有弹性，还可以减少皱纹，延缓皮肤衰老。皮肤里有了水，才会有健康的体形，否则皮肤就会干瘪，失去光泽和弹性。

水除了有上面重要的功能外，还有许多特殊功能：有利于排出结石，有利于预防中风，有助于减少心脑血管疾病的发生等。由此可知，水与生命的关系是相当密切的，生命离不开水。

科学饮水更健康

随着人们健康意识的逐渐加强，饮水有益健康的观点被更多的人接受。现在，在人们的观念中，水已不再是多喝就好这样一个简单的概念了。那么，水该怎样喝才有益健康呢？

每日需水量。正常情况下，成人每天需2500毫升水。其中一部分从三餐的主食、蔬菜、水果中获得，大约在1000～1500毫升之间，其余则需通过喝水补充。若因劳动、运动出汗过多，或因发热、腹泻等损失水分时，还需相应增加进水量。

喝水的方法。人们都知道水对人体有着非常重要的作用，也已经了解了每天需要摄入的水的量，喝水时应注意什么问题也就越来越被人们所关注了。

要养成定时喝水的习惯，不要等口渴才喝水。尤其是老年人，由于其神经系统反应不够灵敏，虽然体内已缺水，但有时并无口渴的感觉，养成定时饮水的习惯尤为重要。

不要一次快速喝大量水。那样会加重胃肠和肾脏负担，尤其是患心脏疾病的人更应注意。

喝水以新鲜温开水为宜。因为这种水的表面张力、密度、电导率等生理特性都比较接近人体细胞内的水，很容易被人体吸收。如果有条件能经常饮用矿泉水则更好，矿泉水内含有人体所需要的金属离子，如钙、镁、钾、钠等，比饮开水更有益于中老年人健康。

喝水的适宜时间。科学研究和实践证明，每天早上喝一杯水，并能做到持之以恒，对健康和延年益寿有好处。饭前饭后和食中均不宜大量饮水，以免冲淡胃液，影响消化。适宜的时间应是晚上临睡前、早上起床后和白天的三餐之间。

睡眠不足危害多

睡眠专家一致认为，如今"极昼社会"、夜班、电视、网络及旅游等，使人们睡得越来越少。许多成年人还因健康原因，如睡眠时呼吸暂停造成睡眠质量不高，进而导致睡眠不足。不管睡眠不足的原因是什么，结果都一样：白天昏昏欲睡，思路不清晰，不能明确表达自己的意思，精神无法集中，动作无法协调。儿童变得易怒，在学校惹是生非。更可怕的是，睡眠不足甚至带来严重的健康问题。

一项研究显示，睡眠时有呼吸暂停现象的人患中风的可能性是正常人的三倍，患心脏病的危险也大大增加。如果两个晚上不睡觉，血压会升高。如果每晚只睡四个小时，胰岛素的分泌量会减少。仅在一周内，就足以令健康的年轻人出现糖尿病的前期症状。

另一项研究表明，缺乏睡眠使人难以抵抗传染病。免疫系统功能的减弱还会使人们抵御早期癌症的能力降低。

英国纽卡斯尔大学的研究人员发现，人体的胃和小肠在晚上会产生一种有修复作用的被称作 TFF2（ trefoil factor family 2 的缩写，三叶因子家族 2 ）蛋白质的化学物质。如果睡眠不足，就会影响这种物质的产生，从而增加患胃溃疡的概率。

美国芝加哥大学医学院的卡琳·施皮格尔博士通过研究发现，睡眠不足会对糖类代谢与内分泌功能产生有害影响，这些影响与正常的年龄增长所产生的影响相似。

每天多做几次深呼吸

人每时每刻都在呼吸，吸入氧气的同时呼出二氧化碳，空气中的病菌、微尘、金属微粒等有害物质十分容易由气管进入肺部。

如果这些有害物质长期聚积，肯定会危害气管和肺部的健康。若想让气管保持清洁和健康，最简单易行的方法就是在空气新鲜的环境中，多做深呼吸并辅以主动咳嗽，这样能起到很好的清肺效果，有助于保护呼吸道不受损伤，增强免疫力，促进人体新陈代谢，使人保持更加旺盛充沛的精力。

所谓深呼吸，就是通过使胸腹部的肌肉和内脏器官较大幅度地运动，帮助排出体内废气和其他代谢物，同时吸入新鲜的空气来提供内脏器官所需的养分，促进血液循环，放松紧张的神经和疲劳的身体。

深呼吸的具体方法是：选择在清晨的花园里或是其他空气清新的地方，进行胸腹式联合的呼吸练习。先深深地吸气，使腹部、胸部依次膨胀，到达极限后，再慢慢呼气，呼气时先收缩胸部再收缩腹部，使肺内空气尽量排空。反复进行十余次即可。

每天多做几次深呼吸对身体很有益处，更重要的是要养成正确的呼吸习惯。

学会呼吸

说到呼吸，也许你会说，那有什么好学的，人无时无刻不在呼气吸气，几乎没有比这更容易的事情了。的确，呼吸每个人都会，可是并不是每个人都能掌握正确的方法。呼吸的方式在很大程度上能决定你的外部面貌、情绪感觉和身体抵抗力。错误的呼吸方式如呼吸过浅或换气过度，都不利于身体健康。掌握正确的呼吸技巧是优化生理的一个重要渠道，是我们每个人都应该学习的一课。

现代人生活压力大，身体肌肉紧张，呼吸频率随之变快，呼吸较浅，仅仅利用了肺部的中上部，废气不能充分排出，氧气也不能充分进入。经常紧张性地过度换气则使体内二氧化碳过多排出，血液碱性增加，血红细胞不能制造出足够的氧气来供给大脑和内脏器官。长此以往，容易出现头晕眼花、手脚麻木、气喘和背部酸痛等症状。

最好的呼吸方法是用腹部来呼吸，腹部呼吸通过利用腹部的膈肌，给肺部制造更大的空间，让氧气能更多地深入肺部，进而到达身体的各处细胞。

具体练习方法是：采取舒服自然的坐姿或卧姿，放松肩膀，集中注意力。双手放在腹部，用鼻子吸气，感觉腹部鼓起，接着胸部扩张，屏住呼吸五秒钟，再用嘴巴慢慢呼气，整个动作越慢越好，重复五次，休息片刻后再做几组。仔细体会身体的变化，你会感觉到一呼一吸之间，烦躁紧张的情绪逐渐变得平和安宁。经常进行腹式呼吸的练习，能够促进消化，降低血压，提高睡眠质量，放松肌肉和神经，减轻身心压力。

运动中如何呼吸

缺乏体育锻炼的人，一运动起来就会气喘吁吁，感觉上气不接下气。而运动员和经常训练体能的人在运动中却总是能保持轻松、平稳、自如的呼吸。运动时错误的呼吸方式，不但会使肌肉过早疲劳，还容易引起头晕目眩等不适的感觉。那么，在运动中如何正确运用呼吸呢？

在室外做有氧运动，空气温暖时可用口腔呼吸，寒冷时则通过鼻子呼吸，尽量保持呼吸平稳而有规律，这样有利于维持呼吸道正常的温度和湿度，使机体获取更多的能量。

做力量训练时，肌肉在紧张和松弛之间不断地转变，呼吸也应相应地配合进行。如在进行俯卧撑、仰卧起坐等胸腹部锻炼时，宜采取急呼吸的方式，深深地吸一口气，收腹后再快速喷出，再吸气。这样可以更好地刺激能量的爆发。

使用口罩有讲究

秋冬季的时候，很多人都戴上了口罩，认为既御寒又防毒，一举两得。呼吸科专家认为，需不需要戴口罩，要依具体情况来定。在身处人群密集、空气不流通的公共场所，去医院看望病人或问诊，自己患有咳嗽、肺炎等呼吸道疾病的情况下，佩戴口罩可以防止病菌的传播。食品行业工作人员和医护人员也都必须戴口罩。如果仅仅是为了御寒，那就没有太大必要了。外界的冷空气经过鼻腔的一系列预热，温度已经升到基本与人体体温接近的状态，不会对呼吸道造成多大刺激。如果天一冷就戴上口罩，鼻腔和整个呼吸系统的黏膜得不到锻炼，免疫功能降低，稍微受寒就很容易感冒发热。此外，戴着口罩呼吸，水蒸气、二氧化碳和各种细菌大量在口罩内聚积，细菌繁衍加速，再吸入身体中，对健康十分不利。

正确使用口罩

选择有质量保证的卫生口罩。警惕小市场中花花绿绿的带有各种装饰物的口罩，它们往往"中看不中用"，面料极有可能不合格，含有大量的涤纶纤维或其他有害物质，不但起不到过滤病毒的作用，还会刺激气管引发疾病。

口罩大小要合适。应完全覆盖住口鼻和下巴。戴长方形口罩时，要系紧口罩的绳子，使其紧贴面部；戴杯状口罩时，可以用双手盖住口罩后吹气，看是否有气体漏出，如果边缘不贴合，再重新调整位置。

戴上口罩后，避免用手触摸，以免滋生细菌。注意口罩的清洁卫生，及时洗涤更换。

在接触过呼吸传染病人或出入医院后，应立即将使用过的口罩扔掉。记得不要随意丢弃，应用塑料袋装好后再放进有盖的垃圾桶中。

运动中要科学补水

运动和健身过程中会大量出汗，造成身体缺水，应该科学、及时地补充水分，否则补水过多会引起腹胀、胃痛等不适，肌肉力量下降；补水不及时则可能导致身体脱水，危害健康。

那么，在运动中应如何补水呢？

补水的时机。有人认为，运动中喝水会增加心脏负担，影响胃排空，出现胃牵拉性疼痛等症状，所以不敢喝水。其实这种看法是不对的。研究表明，长时间运动会使身体大量排汗，血浆量可下降16%，如果能够及时补水，则可以增加血浆量，减少血流阻力，提高心脏的工作效率和运动的持续时间。而且，运动中适量饮水非但不会使排空能力下降，反而还会加强。因此，在运动中身体失去的水分应及时给予补充。

一般来说，在运动前30分钟左右补足水分最好。如果运动过程中口渴难忍，则可以少量补水。如果是进行超大强度的训练，除训练前补足水外，最好在训练后再补水。

饮水的质量问题。应尽量不喝各种饮料，诸如汽水之类；要喝白开水，或者绿豆汤，或1%的淡盐水等，以祛热除暑，及时补充体内由于大量出汗而丢失的钠。

忌服过冷的水。因为平时人的体温在37℃左右，经过运动后，可上升到39℃左右，如果饮用过冷的水，会强烈刺激胃肠道，引起胃肠平滑肌痉挛、血管突然收缩，造成胃肠功能紊乱，导致消化不良。

饮水的量。运动中出汗多，需饮用的水量自然大，但不能一次喝足，要分次饮用。一次饮水量一般不应超过200毫升，两次饮水至少间隔15分钟。另外饮水速度要慢，不可过猛。

跷二郎腿有害健康

无论是在社交场合，还是在工作中，跷"二郎腿"的习惯都被认为是不太礼貌的做法。其实，跷二郎腿不只不雅观，还会对健康造成威胁。

压迫脊椎神经，引发下背痛。人体正常的脊椎从侧面看应呈"S"形，而腰椎前凸或后弯都会使脊椎神经受到压迫而疼痛。坐着的时候，跷二郎腿很容易使腰椎过于前凸或后弯，使腰椎与胸椎的压力分布不均。长此以往，势必压迫脊椎神经。

阻碍血液循环，形成静脉曲张。静脉曲张是一种因静脉长期处于扩张状态而导致的慢性病，跷二郎腿会妨碍腿部的血液循环，造成腿部的静脉曲张。

鉴于跷二郎腿易造成腰腿病，上班族们平时工作时应尽量不跷二郎腿，以减少对身体的伤害。

办公室内多伸懒腰

一般人都认为，伸懒腰不仅是懒惰的表现，还很不雅观。其实，这种认识并不科学，伸懒腰对身体是有好处的。

经常坐着工作和学习的人，长时间低头弯腰地趴在桌旁，身体得不到活动。

由于颈部向前弯曲，使进入脑部的血液流动不畅。时间长了，大脑及内脏器官的活动便受到限制，使新鲜血液供不应求，产生的废物又不能及时排出，于是便产生了疲劳现象。

伸懒腰的时候，人一般都要打个哈欠，头部向后仰，两臂往上举。这样做有不少好处。首先，由于流入头部的血液增多，会使大脑得到比较充足的营养；其次，身腰后仰时，胸腔得到扩张，心、肺、胃等器官的功能得到改善，血液更加畅通，不仅营养供应充足，废物也能被及时排除；同时，伸懒腰时的扩胸动作还能使人多吸进一些氧气，使体内的新陈代谢增强，能提高大脑和其他器官的工作效率，减轻疲劳感。另外，伸懒腰还能使腰部肌肉得到活动，这样一伸一缩地锻炼，可以使腰肌更发达，并且能防止脊柱向前弯曲形成驼背，对维护体形的健美有一定作用。因此，每伏案学习一段时间后伸伸懒腰，对身体是有好处的。

坐久了可多伸懒腰，这是给"办公室一族"的忠告，也是在春天保持旺盛精力的"法宝"。

上班路上不宜补觉

公交、地铁上常能看到利用上班路上补觉的人，其实这样做

并不利于健康。

在车上补觉很容易受到噪声、光线、车体晃动等因素的干扰，难以进入深睡眠状态，也就无法消除疲劳。同时，在车上耷拉着脑袋睡觉易使一侧脖子疲劳而落枕，长此以往还损害颈椎健康。而车门开关和换气风扇吹来的凉风，还容易使人感冒。

专家提醒：要坚持良好的作息时间，早睡早起，少开"夜车"，保证夜晚的睡眠时间。如果夜间睡眠不足七小时，白天午休的时间小睡一会儿也有助于体力的恢复。但是不要伏案休息，可买个旅行睡枕靠在脖子上小憩。

还有在乘车时不要看书报杂志。公交车在行驶的时候，会经常抖动，书报也会随之摇动，这时为了看清目标，人眼的睫状肌就要被迫不停地调节，时间长了就会造成眼部肌肉紧张和疲劳。

膳食搭配要均衡

科学研究证明，由于不科学的膳食搭配造成的高血压、冠心病、中风等心脑血管疾病和糖尿病及各种癌症等疾病，严重威胁着人类的健康和生命。如何取得膳食营养的平衡，怎样科学利用营养，这是我们实现健康目标的重中之重！

膳食搭配均衡就是适合自身实际需要，食用有利健康的食物，形成良好的饮食习惯。世界卫生组织的一项研究报告指出，在众多影响健康的因素中，膳食成为仅次于遗传的第二大因素，这是因为我们人类赖以生存的各种营养成分都要通过"吃"来完成补给，但吃什么和怎么吃是很有讲究的。为了身体的健康，必须平衡营养，合理膳食。平衡营养主要是膳食中的营养素、氨基酸含量和酸碱的三大平衡。所谓营养平衡，就是说营养的摄入与消耗要接近一致，即收支要平衡。营养缺乏和营养过多，都会有害健康。

三大营养平衡

我们每个人都应了解各种营养素的主要功能、人的需求量、老年人的特殊要求及其热量的换算，以至配膳原则、烹饪要求、进餐方法等。又因为食物不仅能供给营养，以维持人的生存和活动，而且还具有各种保健功能，可以防病治病和防衰抗老。所以，应进一步掌握更为全面的知识，这无疑是十分有益的。

呈酸性食物与呈碱性食物平衡。食物按所含的主要矿物元素的不同，可以分为酸性食物和碱性食物。一般来讲，我们每天主食中的大米、白面和副食中的肉、禽、鱼、贝、虾、蛋、花生等含非金属元素磷、硫、氯等较多的食物，在体内经代谢生成酸性物质，使体液相对呈弱酸性，因此，这些食物在生理上称为呈酸性食物。而大多数水果、蔬菜、豆类、茶叶及牛奶等含金属元素钠、钾、钙、镁等较多的食物，在人体内代谢生成碱性物质，被称为碱性食物。体内的呈碱性物质只能直接从食物中吸取，而呈酸物质既可以来自食物，也可以通过食物在体内代谢的中间产物和"终"产物的形式提供。

在正常情况下，人的血液酸碱度呈弱酸性，这样才有利于生理活动。人体具有自动缓冲系统，能自动处理好酸碱关系，使血中酸碱值保持在正常范围内，达到生理上的平衡。但这种肌体自身的缓冲能力是有限的，在日常生活中，如果各种食物经常搭配不当，就容易引起人体生理上酸碱平衡失调。我国人民长期形成了以酸性食物米、面为主食的饮食习惯，如果日常生活中不注意适当控制摄入动物性蛋白质类等呈酸性食物，摄入蔬菜、水果类呈碱性食物偏少，就容易导致血液偏酸，不仅会增加碱性矿物元素消耗，引起人体缺钙，而且会引起酸中毒症。因此，在配餐中必须注意酸性食物和碱性食物的适当搭配，以保持生理上的酸碱平衡，防止酸中毒，同时使食物中各种营养成分被充分利用，提高营养价值。

要保持呈酸性食物与呈碱性食物的平衡，就要根据其酸碱度的高低，适当搭配。碱度高的食品，适当吃一些，就能中和酸性食品；碱度低的食品如黄瓜、茄子，可以多吃一些。例如，吃100克大米饭，需要100克土豆来中和；碱性大的海带，吃10克就够了；若副食是黄瓜，就需要吃200克来中和这100克米饭。

膳食中蛋白质的八种必需氨基酸含量与人体需要平衡。食物蛋白质在消化过程中，经过各种蛋白质水解酶的作用，完全分解为氨基酸，然后以氨基酸的形式被吸收，供机体用来组成所需的各种蛋白质。

食物蛋白质中所含的氨基酸有二十多种，可以分为必需氨基酸和非必需氨基酸两类。所谓必需氨基酸，是人体需要的，然而不能在体内合成，必须由食物供给。所谓非必需氨基酸是人体需要的，但是人体可以自己合成，不必由食物供给。

一般来讲，由于大多数动物性蛋白质所含八种必需氨基酸种类齐全，且含量较高，比较接近人体的需要，故称之为优质蛋白质；植物性蛋白质则由于赖氨酸含量较低，影响了蛋白质的利用率，故质量较差，但大豆蛋白质赖氨酸的含量高，亦属于优质蛋白。尽管如此，任何一种食物蛋白质的氨基酸组成都不可能完全达到人体的需求。只有几种食物混合食用，各种食物蛋白质、氨基酸组成才能比较接近蛋白质的最佳比例。

因此，为了膳食中八种必需氨基酸的含量与比例符合人体需要，在膳食构成中要注意动物性蛋白质、一般植物性蛋白质和大豆蛋白质的适当搭配，并保证优质蛋白质占蛋白质总供给量的 1/3。

膳食中三大营养素要保持一定的比例平衡。膳食中蛋白质、脂肪和糖类这三大营养素除了提供人体所必需的能量外，还各具特殊的生理功能，它们彼此相互利用、相互制约、相互转化，处于一种动态平衡之中。三大营养素必须保持一定比例，才能保证膳食平衡。

根据我国每日膳食营养素供给量标准，如按重量计，糖类、蛋白质和脂肪三者摄入量的比例应为 6：1：0.7；若按其各自热量占总热量的百分比计，则糖类占 60% ~ 70%、蛋白质占 10% ~ 15%、脂肪占 20% ~ 25%。一旦打破蛋白质、脂肪、糖类之间的正常比例，将引起一系列代谢紊乱。如膳食中热量和蛋白质不足，会导致营养不良、贫血和多种营养素缺乏症，严重影响人体健康；热量与蛋白质过剩的膳食不仅浪费了人类宝贵的食物资源，而且会使人得肥胖病等，同样不利于人体健康。

三大营养素保持一定的比例平衡还可以使糖类和脂肪起到对蛋白质的庇护（节省）作用。如果人吃的糖和脂肪不足，体内的热量供应不够，就会分解体内的蛋白质来释放热量，补充糖和脂肪的不足。蛋白质是构成人体的"建筑材料"，体内缺少了它，就会严重影响健康。如果在吃蛋白质的同时，又吃进足够的糖和脂肪，就可以减少蛋白质的分解，用它来修补和建造新的细胞和组织。

合理膳食，平衡营养

根据中国式的平衡营养膳食结构和我国传统膳食的优缺点，合理膳食要遵循以下几个基本要求：

营养全面，摄入平衡。要真正做到膳食平衡还需对食物的分类有一个基本的了解。第一种是谷类食物，作为主食，它是人体热能的主要来源，应占膳食总量的 30% 多；第二种是瘦肉、禽蛋和奶等动物蛋白质，应占膳食总量的 15%；第三种是豆类等植物蛋白质，应占膳食总量的 10%；第四种提供维生素及纤维素来源的蔬菜和水果等，应占膳食总量的 40% 以上；第五种是油脂，它们不仅可改善食物的色、香、味，而且还可提供热量，促进脂溶性维生素的吸收。

　　品种丰富，多吃杂粮。人体对营养素的需要是多方面的，而所需的营养素不可能只存在于少数食物当中。因此，在平时的膳食中要尽可能多地从我们可食用的200多种动植物中吸收营养。

　　研究表明，我国的长寿老人多数以素食为主，食物种类也非常杂。

　　饮食有度，按需而入。人体虽然需要丰富的营养，但必须掌握好度，过犹不及的道理应当牢记。

　　除饮食的量和种类要合理之外，有规律地进餐习惯也非常重要。每日三餐的间隔应在4～6小时之间，"早吃饱、午吃好、晚吃少"没有错，如果夜间加班，一定要准备夜宵加餐。

　　为了身体的健康，我们必须自觉养成良好的健康饮食习惯，真正做到平衡营养、控制热量，养成健康的饮食习惯。